AF543636

Kröten

Ein Portrait
von
Beatrix Langner

NATURKUNDEN

NATURKUNDEN № 40

herausgegeben von Judith Schalansky
bei Matthes & Seitz Berlin

Inhalt

Portraits

Warten auf Bufo

Die Natur schläft. Von den Dorfhäusern rutschen Schneetücher in samtigen Falten über die Traufen. Unten am Fluss raschelt und knistert das Eis wie Seidenpapier. Glasiger Schorf bedeckt die Uferzonen um die gedrungenen Weiden. Aber tief unter Schnee und Eis atmet es, sacht und leise, durch tausend winzige Kehlen. An den Rändern des Röhrichts haben sich Frösche und Unken in den sumpfigen Uferschlamm gegraben. Mäuse und Igel liegen zusammengerollt unter Laub und Brennholzstapeln in tiefem Schlummer. Käfer, Wespen, Schmetterlinge kauern reglos in Mauerfugen und Moospolstern. Vierzig Etagen unter der gefrorenen Humusschicht, gemessen an ihrer Körpergröße, suchen Ameisen Zuflucht vor der tödlichen Kälte. In den Gärten am Graben, der sich als graue Eisader durch das Dorf schlängelt, überwintern Erdkröten in ihren unterirdischen Schlafkammern, die durch senkrechte Gänge miteinander verbunden sind. Erst wenn die Nachttemperaturen wieder über fünf, sechs Grad klettern, machen sie sich auf den Weg ins Freie, um im Frühling für eine gut gefüllte Kinderstube zu sorgen.

Im Leben einer mitteleuropäischen Erdkröte (*Bufo bufo*) sind die ersten Wochen im März und April die gefährlichsten. Im Winter hat sie keine Nahrung aufnehmen können; mit den ersten warmen Sonnenstrahlen sammelt sie ihre Kräfte und steigt auf demselben Weg, den sie sich im Spätherbst rückwärts gegraben hat, blinzelnd ans Frühlingslicht. Das ist der günstigste Moment für das Männchen, um ein Weibchen zu ergattern und sich auf ihrem Rücken bequem zum Wasser tragen zu lassen. Der Hochzeitsmarsch beginnt. Wie auf Verabredung treffen alle zur selben Zeit am Graben ein und stürzen sich ins Nasse. Einige Tage später marschieren sie zurück, graben sich wieder ein und schlummern noch ein bisschen, bis es warm genug ist, um auf die Jagd zu gehen. Der Nachwuchs bleibt inzwischen sich selbst überlassen. An meterlangen Schnüren aufgereiht, schweben die bräunlichen Eiperlen im seichten Wasser. Nach zwei bis vier Wochen schlüpfen aus der glibberigen Membran Hunderte winziger Larven, hierzulande Kaulquappen genannt, deren fischartige, fast durchsichtige Körperchen in den kommenden Wochen vier regelmäßige Gliedmaßen ausbilden, innere Kiemen, Kopfflossen und Schwanz verlieren, mit Lungen zu atmen anfangen und als fertig ausgebildete Jungkröten im Juni an Land klettern.

Zugegeben, es gibt anziehendere Tiere. Ihre Haut ist schwarzbraun bis olivgrün, der flache Kopf mit der fliehenden Stirn sitzt halslos auf einem breiten, von unregelmäßigen Flecken und Warzen gezeichneten Körper. Vorder- und Hinterbeine sind überlang und muskulös, mit großen vierzehigen Händen und fünfzehigen Füßen. Sie sind Bewohner zweier Welten, *Amphibia,* das heißt Doppellebige, Geschöpfe des Zwielichts, Geschwister der Dämmerung. Seit 300 Millionen Jahren tickt ihre innere Uhr verlässlich im Takt der Erde. Ihr Lebenselement ist der Grenzsaum zwischen dem Trockenen und dem Feuchten, Hellen und Dunklen, Wasser und Land. Kröten sind Überlebenskünstler, Meisterwerke der Evolution – als habe sich Frau Natur beim Herumprobieren, welche Ausstattung wohl die beste für diesen nackten, wüst und leer im schwarzen Weltraum trudelnden Felsbrocken sein könnte, vorgenommen: Baue ein lebendiges Wesen, das symmetrisch um zwei Achsen angelegt ist, das schwimmen kann wie ein Fisch, klettern wie ein Eichhörnchen, rennen wie eine Echse, fliegen wie ein Vogel, gefräßig ist wie ein Schwein, genügsam wie ein Kamel, gefährlich wie eine Schlange, friedfertig wie ein Maulwurf, das eine kräftige Stimme, empfindliche Ohren und scharfe Augen hat und in kühlen Bergbächen ebenso gut zurechtkommt wie in kahlen Gebirgen und heißen Sandsteppen. Weil es aber nie gelingen würde, alle diese Eigenschaften in einer einzigen Art zu vereinen, änderte sie wohl den Bauplan. Das Ergebnis war immer noch höchst erstaunlich: ein Kollektivgeschöpf aus Abermillionen Einzelwesen, von ähnlicher Bauart und Gestalt, doch jedes individuell verschieden: das mächtige, uralte Volk der Batrachier oder Froschlurche.

Es ist schon ein paar Jahre her, da drang an stillen Frühlingsabenden, wenn sich violette Schatten über Weiden, Scheunen und Gärten legten, aus den Ritzen des Dielenbodens in meinem Zimmer ein feines Fiepen, wie eine heisere Flöte. Das alte Bauernhaus an der deutsch-polnischen Grenze, nicht weit von der Oder, hatte schon etliche Überschwemmungen und Stürme erlebt. Es stand lange leer und sah ziemlich ramponiert aus, als ich es erwarb. Ich versprach mir nicht allzu viel davon, vielleicht ein paar Sommer unter den kreischenden Keilen der Kraniche; ein letzter Versuch, das Heimischwerden doch noch zu lernen. Eines schönen Abends im Frühsommer, als ich

Gruppenbild aus der Niederwelt – einheimische Kröten in Deutschland: Geburtshelferkröte, Wechselkröte, Kreuzkröte, Erdkröte (v. l. n. r.).

bei Kerzenlicht (Strom gab es noch nicht) lesend am offenen Fenster saß, erschien wie aus dem Nichts die Urheberin der geheimnisvollen Laute: eine kleine Kröte, kaum länger als mein halber Daumen. Mit einer Art zierlichem Anstand hockte sie in dem Spalt zwischen Wand und Fußboden auf ihren Hinterbeinen und sah mich unter halb geschlossenen Lidern mit unbewegtem Blick an. Im Flackerlicht der Kerze schien ihre Haut grün gefleckt auf hellem Grund. Weil ich nicht wagte, es anzufassen, schob ich ein Blatt Schreibpapier unter das erstarrte Tier, dessen buckliger Umriss sich auf dem weißen Viereck scharf abhob wie ein geschnittener Stein, trug es in den Garten und setzte es in einer unbeleuchteten Ecke ab.

Ein paar Tage später war es wieder da. Mit hellen, kurzen Rufen kündigte es sich jedes Mal an. Ein andermal traf ich die kleine Kröte in der Küche vor dem Spültisch an, ich wäre beinahe auf sie getreten. Kurz darauf stellte sich heraus, dass unter dem Fußboden ein Abwasserrohr undicht war, und ich stattete der Besucherin im Stillen meinen Dank ab, dass sie die feuchte Stelle gefunden hatte, bevor der Klempner kommen musste. Wir gewöhnten uns aneinander und lebten einige Monate friedlich in dem alten Haus zusammen. Von nun an versuchte ich nicht mehr, sie zu vertreiben. Schließlich waren sie und ihresgleichen lange vor mir dagewesen. Großzügig gerechnet kommen da schon ein paar Jahrhunderte zusammen seit der Zeit, als das Oderbruch noch eine unbesiedelte Flusslandschaft mit Sümpfen und Auwiesen zwischen waldigen Abhängen war, ein Paradies für Amphibien, ein vielstimmiges Biotop für Kraniche, Graugänse, Reiher, Biber, Bienen und Millionen andere Insekten. Erst nachdem im Jahr darauf das Dach repariert, die

Putzschäden behoben, die Fußböden und Sockelleisten ausgebessert, die Ritzen im Fundament abgedichtet waren, blieb mein abendlicher Gast aus. Ich hörte es nie wieder, das Abendlied der grünen Kröte. Aber wenigstens kenne ich jetzt ihren richtigen Namen: *Bufo viridis,* die Wechselkröte.

Die alten Frauen im Dorf erzählen davon, dass früher, als es noch keine zentralen Wasserleitungen gab und jedes Haus seinen eigenen Brunnen hatte, in jedem Keller Kröten überwinterten. Als geduldete Hausgenossen waren sie und ihre nächsten Verwandten, die Frösche, Unken und Krötenfrösche, zu Abertausenden in feuchten, dunklen Erdkellern, in Felsspalten und Höhlen, an Brunnen, Dorfteichen und Viehtränken, in den Ritzen der Feldsteinfundamente, in den Sakristeien der Kirchen, in Kolumbarien und Nekropolen zu finden. Von Skandinavien bis zu den spanischen Balearen, vom Ural bis zum Atlantik bevölkerten sie einmal ganz Europa. Als Krott / crota waren sie vom Hunsrück bis hinunter zu den österreichischen Alpen und nach Südtirol bekannt, als Höppin in Bayern, am Niederrhein als Pädde, Tooschkrott, Muggel und Hutsche oder als Padde in Holland. Giftige Pilze heißen im Niederländischen und Englischen noch immer ›Krötenstuhl‹: *toadstool* bzw. *paddestoel.* Mit Ausnahme von Australien und Neuseeland, einigen pazifischen Inselgruppen und den Polarkreisen haben sie sich im Erdmittelalter über die ganze Erde verbreitet. Heket, die froschköpfige Göttin der Fruchtbarkeit und der Geburt, wurde vor etwa fünftausend Jahren in Ägypten angebetet. Sie war die Trägerin des Welt-Ei und Mutter der (ägyptischen) Menschheit. Ihre Hieroglyphe stellte einen sitzenden Frosch dar; eine Kaulquappe war das Zeichen für die Zahl 100 000.

Überall, wo das Wasser das entscheidende Lebenselement ist, genossen Kröten und Frösche heilige Verehrung – wobei man es sprachlich nicht so genau nahm. Zwischen den warzigen Kröten, die nur zur Eiablage am Wasser erscheinen, und den glatthäutigen Fröschen wurde selten unterschieden. Noch Thomas Mann ließ in seiner alttestamentlichen Romantetralogie *Joseph und seine Brüder* mit Anspielung auf die ägyptische Mythologie den verkauften Josef seinen Käufer und Retter »eine behäbige Kröte« nennen. »Denn du warst Heket, die Große Hebamme, da mich der Brunnen gebar, und hobst mich aus der Mutter«. Zauberstäbe mit Froschabbildungen, aus Nilpferdzähnen geschnitzt, wurden gebärenden Frauen als Glückssegen überreicht. Bei den alljährlichen Überschwemmungen des Nildeltas waren die Tiere zu Abertausenden zu beobachten, wie sie Regentropfen gleich in dieselbe Richtung strebten. Wenn sie Christen waren, sahen die Bewohner jener Gegenden darin ein Gottesgericht, die Bestrafung für ihre Sünden, wie es in der Offenbarung des Johannes geschrieben steht: Beim Anbruch des Weltgerichts werden drei unreine Geister in Froschgestalt aus dem Mund des Drachen schlüpfen. Waren sie Juden, glaubten sie, ihr Gott Jahwe habe eine Froschplage über Ägypten geschickt zur Strafe für ihre Gefangennahme, wie es im *Exodus* berichtet wird. Bis ins 18. Jahrhundert hielt sich der Glauben, dass diese Tiere als ›Froschregen‹ aus den Wolken fallen. Andere waren überzeugt, sie entstehen aus dem Schlamm, den das zurückweichende Wasser hinterlässt, wie Aristoteles in seiner *Historia animalium* behauptet und damit einen der beharrlichsten wissenschaftlichen Irrtümer in die Welt gesetzt hat.

Ein anderes Beispiel: Wer Kappa-maki mag, Sushi-Röllchen mit Gurke, kennt vielleicht das Kappa, ein Fabelwesen des Shintoismus, das es in Japan zur Gottähnlichkeit gebracht hat. Er ist der Held vieler Volksmärchen, ein gutmütiger Wasserdämon, Mischwesen zwischen Mensch und Frosch. Er wird in unterschiedlichen Regionen einmal als Menschenkind, als Schildkröte, ein andermal als Affe oder Otter verkörpert. In alten Büchern tritt er als geschuppte Schimäre aus Mensch und Affe auf, die aufrecht geht, spricht und zu Lande Gemüse stiehlt oder an Flussufern Tiere in die Tiefe hinabzieht. Man kann das Wesen leicht mit Sesam, Ingwer, Spucke und Eisen vertreiben; es mag auch bestimmte Kürbisarten nicht. Unzählige Geschichten gibt es in Japan über seine Boshaftigkeit, seine Kraft, mit der es Sumokämpfern Mut macht. Illustrationen und Mangas zeigen es in ganz unterschiedlichen Gestalten. Besonders aufschlussreich ist der märchenhafte Bezug auf das Shirikodama, ein geheimnisvolles Organ, das sich im Körperinnern hinter dem Anus befinden soll. Bei fossilen Amphibien sitzt an dieser Stelle die einflügelige Lunge. Lunge und Leber sind also die Organe, die durch das Kappa Schaden nehmen können. Vergiftetes Wasser als Ursache zahlreicher epidemischer Krankheiten und die Tatsache, dass die menschlichen Lungen nicht zum Leben im Wasser geeignet sind, wurden so schon ganz kleinen Kindern einleuchtend erklärt. Daher war es gefährlich, in ein stehendes Gewässer zu urinieren, weil das Kappa zur Strafe die Leber rauben würde. So sah medizinische Aufklärung im 7. Jahrhundert in Japan aus. Das älteste japanische Tiermanga, der *Choju jinbutsu Giga,* wird auf einer Schriftrolle im Kōzan-ji-Tempel in Kyoto aufbewahrt und zeigt aufrecht gehende Frö-

Japanische Wassergeister, wie sie sich Katsushika Hokusai, Ahne der japanischen Manga-Kunst, um 1800 auf einer Tuschzeichnung vorstellte. Vorne rechts das Kappa.

sche bei menschentypischen Handlungen. Auf der japanischen Insel, die von Überschwemmungen, Erdbeben und Vulkanausbrüchen heimgesucht wird, sind Amphibien allgegenwärtige Seismografen der Naturgewalten. Haruki Murakami berührte die alte japanische Seele, als er in der Erzählung *Frosch rettet Tokyo* ein sprechendes Amphib erfand, das nach dem katastrophalen Erdbeben in Kobe 1995 verspricht, in die Erde zu steigen und den Erdbebenwurm für immer zu vernichten.

Die ungeliebten Hausgenossen

Die wenigsten Europäer können wahrscheinlich einen Frosch auf den ersten Blick von einer Kröte unterscheiden, noch viel weniger Erdkröten von Wechselkröten, Unken von Geburtshelferkröten, Teichfrösche von Laub- oder Grasfröschen. Immerhin ist es gar nicht so einfach, sich in der zoologischen Nomenklatur zurechtzufinden. Taxonomisch bilden drei Ordnungen die Klasse der Amphibien: Froschlurche (Anura), Schwanzlurche (Caudata) und Schleichenlurche (Gymnophiona). Entscheidend ist die Art der Befruchtung ihrer Eigelege. Bei Froschlurchen vollzieht sie sich überwiegend außerhalb des Körpers, bei Schwanz- und Schleichenlurchen (Molche, Salamander) im Innern. Vier Überfamilien bilden zusammen die Ordnung der Froschlurche: Kröten, Frösche, Unken und Krötenfrösche. Obwohl sie sich in mancher Hinsicht als äußerst nützlich erwiesen haben, stehen ihre Sympathiewerte weit zurück hinter denen anderer Bewohner des Tierreichs. Der Begriff ›Tier‹ selbst wird angesichts dieser Bewohner des Feuchten und Dunklen weit hinausgerückt aus dem menschlichen Erfahrungsraum. Wie sollen wir auch unser Verhältnis zu einem Tier beschreiben, das wir nur noch selten mit eigenen Augen zu sehen bekommen? Selbst Zoologen gelingt es nur mit großer Geduld, Unken, Kreuzkröten oder Geburtshelferkröten im Freien zu beobachten. Mit den alten Weidelandschaften, Bruchsteinmauern, Erdkellern, Lesesteinhaufen an Ackerrändern, Feuerteichen, Brunnen, Viehtränken und Waldtümpeln haben die meisten europäischen Arten der Amphibien ihren natürlichen Lebensraum schon zum großen Teil verloren. Auch der Hinweis auf extreme Gefühlslagen wie Ekel oder Abscheu vor ihrer Hässlichkeit hilft nicht viel weiter, denn schließlich machen sich jede Kultur und jeder Erdkreis andere ästhetische Vorstellungen vom Tier. Der Anblick einer schön gefleckten mauretanischen Berberkröte wird einen Terrarienliebhaber in Entzücken versetzen, und vor einem in Riesling geschmorten Froschschenkelfrikassee schlägt manches französische oder badische Herz schneller.

Wenn schon nicht von Liebe die Rede sein kann, wie ist es dann aber zu erklären, dass Froschlurche so wenig Respekt und Aufmerksamkeit genießen? Kaum eine andere Tierfamilie ist gehässiger verfolgt und grausamer zugerichtet worden. Von Bauern mit ›Froschschneppern‹ gejagt, von Alchemisten verätzt, gekocht, verbrannt, zu ›Froschpulver‹ zerrieben, von Naturforschern auf das Streckbrett genagelt und mit Stromstößen traktiert, von Ärzten als kühlende Pflaster auf Brust und Bauch ihrer Patientinnen gebunden, als lebendes Zellmaterial für Schwangerschaftstests missbraucht, mit ausgestochenen Augen und ausgerissenen Schenkeln gedörrt und lebendigen Leibes ausgeweidet zieht ihre Leidensprozession durch die Jahrhunderte.

Die Verachtung dieser Geschöpfe hat sich auch in den europäischen Sprachen niedergeschlagen. *La grenouille* bezeichnet auf Französisch den Frosch, *le crapaud* die Kröte. (Im Vergleich mit dem Deutschen sind im Französischen die grammatischen Geschlechter vertauscht.) Das französische Verb *grenouiller* bedeutet umgangssprachlich aber auch ›betrügen‹. Und so heißt der triebhafte, hässliche, bucklige Mörder in Patrick Süskinds Roman *Das Parfüm* denn mit Nachnamen auch Grenouille. Im Alltagsenglisch bezeichnet *the frog* beides, Frosch oder Kröte. Die zoologische Bezeichnung *the toad* für die Kröte meint im übertragenen Sinn zugleich eine unangenehme Person; ein *lying toad* ist ein menschliches Lügenmaul.

Schon in dem populärsten Tierbuch des frühen Christentums, dem *Physiologus,* einer anonymen Sammlung heilsgeschichtlicher Tierportraits aus dem 3. oder 4. Jahrhundert, wurde der Wasserfrosch (Teichfrosch, Moorfrosch) als abstoßendes, sündiges Tier beschrieben, weil er den Ungläubigen gleiche, deren Seele voll Schmutz und Dunkel sei. Die sonnenliebenden Braunfrösche und Eidechsen galten dagegen als Sinnbild des wahren, vom Glauben erleuchteten Christen. So wurden französische Nonnen noch im 18. Jahrhundert als *grenouilles de bénitier,* Weihwasserbeckenfrösche, verspottet.

Ursprünglich in griechischer Sprache verfasst, blieb der *Physiologus* lange das einzige Tierbuch des europäischen Mittelalters. Zwei lateinische Fassungen aus dem 11. Jahrhundert bildeten die Grundlage der althochdeutschen Fassung und der daraus schöpfenden mittelalterlichen Tierallegorien (Bestiarien). Ihre Tierportraits prägten nicht nur die christliche Ikonografie und Tiersymbolik, sondern das Verhältnis zum Tier in der abendländischen Tradition überhaupt. Am verhasstesten waren dem *Physiologus* die Kröten. Sie allein mussten ihren warzigen Buckel hinhalten für alle Übel der Menschheit. Was hat man diesen diskreten Tieren nicht alles angedichtet. So behaupteten noch die frühen Naturenzyklopädisten, die Kröte

In der Republik der Batrachier: Teichfrosch, Laubfrosch und …

sei die Mutter des schrecklichen Basilisken, eines giftspeienden geflügelten Drachens, der mit Blicken tötet. Sie brütet ihn aus dem Ei eines siebenjährigen Hahns aus, Symbol der sieben Todsünden eines Christenmenschen. Allerdings kann weder ein Hahn ein Ei legen noch eine Kröte brüten, was dem Verfasser nicht unbekannt gewesen sein dürfte. Der Basilisk ist also das Tier, das es nach allen Regeln der Vernunft gar nicht geben kann, das *zoon paradoxon.* Man kann ihn nur unschädlich machen, indem man ihm einen Spiegel vorhält: das heißt, indem man ihm die Unmöglichkeit seiner realen Existenz unwiderleglich vor Augen stellt. Schwer zu sagen, warum die schweizerische Stadt Basel den Beschluss fasste, ausgerechnet den

... Kröte aus den Augen des Zeichners.

Basilisken zu ihrem Symboltier und Wappenschildhalter zu wählen. 28 wasserspeiende Basilisken schmücken die berühmten Basler Brunnen. Der erste wurde 1896 vor dem berühmten Totentanzfresko in der St.-Johanns-Vorstadt errichtet, wo er nach christlicher Denkungsart auch hingehört – in unmittelbarer Nähe zu dem Krötengetier, das sich im Hochmittelalter auf einmal im Gefolge von Gevatter Tod wiederfand.

Nach dem Grund muss man nicht lange suchen. In der christlichen Überlieferung war das Erdreich das niedrigste in der Architektur der Schöpfung. Büßen musste es die kriechende und krabbelnde Tierheit. Seine Bewohner, Igel, Eidechsen, Schlangen, Asseln, Frösche, Kröten, Käfer, Spinnen, Schnecken und Würmer genossen folgerichtig den geringsten Respekt. Für die Anhänger des Judäers Jesus standen sie nicht nur ganz unten in der göttlichen Ordnung. Sie waren Feinde, die es zu bekämpfen galt: Tiere der Dunkelheit, Verdammte der Erde, Abtrünnige des göttlichen Lichts, Werke des Satans, aus Schlamm, Schmutz und Laster gemacht. Die Äbtissin Hildegard von Bingen verglich das Seelenduell zwischen Hirsch und Kröte mit dem Glaubenskampf zwischen dem reinen, starken Christenmenschen und dem stinkenden, bösen Heiden. Nekrophile Darstellungen von Fröschen und Kröten ziehen im 12. Jahrhundert in die Krypten südfranzösischer Kirchen ein. Wenn an der Pforte des Todes Gericht gehalten wird über die Gläubigen, kriechen sie als Vorboten der Hölle aus ihren schmutzigen Winkeln. Steinerne Wasserspeier, sogenannte *gargouilles* oder Gargoylen, schmücken als imaginäre Drachen- und Schlangenköpfe die Fassaden gotischer Kathedralen und Münster, während Kröten und Frösche auf Grüfte und Grabepitaphe im Kircheninnern verwiesen werden. Gotische Bildhauerkunst in Chartres oder Bourges erschafft die Kröte als Sinnbild weltlicher Eitelkeit (Vanitas) und ihrer Bestrafung im Jenseits. Aus dem Jahr 1298 etwa stammt die überlebensgroße Frauenfigur, »Frau Welt«, am Südportal des Doms in Worms. Ein Ritter, der seiner Schönen kaum bis ans Knie reicht, deklamiert vermutlich Liebesschwüre, während sich auf dem Rücken der hohen Frau das Erdgetier zu ihren Eingeweiden vornagt. Auch das vom geistlichen Lebenswandel abgerückte Mannsbild im Nürnberger, Freiburger und Straßburger Münster, dargestellt als »Fürst der Welt«, wird früher oder später Schlange, Wurm und Kröte zum Fraß. Diese Skulpturen sind steingewordene Übersetzungen der Verse, die der Dichter Walter von der Vogelweide einige Jahrzehnte zuvor an Frau Welt gerichtet hatte, nachdem er von ihr »zu viel getrunken« hat:

Fro Welt, ich han ze vil gesogen,
ich wil entwonen, des ist zit.
din zart hat mich vil nach betrogen,
wand er vil süezer fröiden git.
do ich dich gesach reht under ougen,
do was din schoene an ze schouwen wünneclich al sunder lougen.
doch was der schanden alse vil,
do ich dich hinden wart gewar, daz ich dich iemer schelten wil.

Die letzten vier Zeilen sind eine strenge Warnung an die Gläubigen, nicht dem Augenschein der Welt zu trauen: »Als ich dir in die Augen schaute, da sahst du wahrhaft schön und lieblich aus. Doch als ich deinen Rücken erblickte, da sah ich so viel Schreckliches, dass ich deinen Namen stets mit Abscheu nenne.«

Der Würzburger Holzschnitzer und Bildhauer Tilman Riemenschneider ist der Schöpfer des Bamberger Kaisergrabmals für Heinrich II. und dessen Gemahlin Kunigunde, das 1513 fertiggestellt wurde. Auf dem Kalksteinsockel wird das Leben des hohen Paars als Bildfries erzählt. Ganz unten, am Fuß des Sockels, müht sich das Erdgetier – Kröte, Schnecke, Eidechse, Frosch, Schlange – umsonst bei dem vergeblichen Versuch ab, den Sarkophag zu erklimmen. Heinrich und Kunigunde haben allen unkeuschen Versuchungen tapfer standgehalten. Nach der weltweiten Pestepidemie, die sich von China über die großen Handelsstraßen über ganz Europa verbreitet und Millionen Menschenleben vernichtet, erklimmt die Kröte im

Kann denn Liebe Sünde sein? Das Sündentier, die Kröte, gibt zu Füßen des Paars die unmissverständliche Antwort.

16. Jahrhundert die Bühne der *danses macabres* oder Totentänze. Es wird die Rolle ihres Lebens. Auf Fresken an Kirchenwänden und in den Holzschnitten in der oberdeutschen Tradition der Blockbücher festigt die verschwiegene Zeugin irdischer Vergänglichkeit endgültig ihren Ruf als Totemtier der Melancholie und des Lebensekels. Stets verwickelt der tanzende Tod seine Kandidaten – Ritter, Jurist, Chorherr, Edelfräulein, Kaufmann, Kaiserin und Papst – zunächst in ein hinterhältiges Zwiegespräch, dessen Resultat todsicher längst feststeht: *Vanitas* vanitatum, et omnia *vanitas* (Alles ist vergänglich, auch die Vergänglichkeit). Währenddessen wartet seine Entourage aus Schlangengewürm, Reptil und Kröte geduldig auf ein fettes Festmahl. Die fleißigen »Verwesungshelfer« (Jutta Failing) sind die heimlichen Herrscher über Fäulnis und Gestank. Ihre Lieblingsplätze sind Bauch, Herzgrube und Schädel der Toten, wie es in dem dänischen Totentanz-Volksstück von 1520 heißt: »Leg nun deinen spanischen Mantel ab. Kröten und Wurm sollen an deinen Gedärmen nagen.« Antike Naturlehren von der asexuellen Urzeugung der Frösche und Kröten aus Schlamm und Dreck werden so in die christliche Todesikonografie des Memento mori übernommen: Gedenke, dass du sterben musst, und wie du aus Erde gemacht bist, so wirst du wieder zu Erde werden. Das Amphib ist für immer ausgestoßen aus der christlichen Heilsordnung. Behaftet mit Schmutz und Schleim, trägt es das Kainszeichen des weltlichen, sexuellen, niederen Erdenlebens auf seiner fleckigen Haut. Papst Gregor IX. beschuldigte schon 1233 in einer öffentlichen Bulle die ketzerischen Sekten der Katharer und Waldenser, bei ihren schwarzen Messen Kröten auf Anus und Maul zu küssen und hernach wie die Tiere zu

kopulieren. Dass auch der Mensch, abzüglich seines bisschen von Gott verliehenen Geistes, nichts weiter ist als ein paar Kilogramm Biomasse, musste jedem braven Katholiken einleuchten. Wer nur an seinem Körper hing und sein Seelenheil gering schätzte, konnte kein guter Christenmensch sein.

Während zur selben Zeit der Frosch eine lange Karriere als Frühlingsbote und Auferstehungssymbol beginnt, der auf Altarbildern den lustigen Gesellen an der Seite von Jesus und Maria spielt, bleibt die Kröte auch in den folgenden Jahrhunderten das düstere Tier der christlichen Apokalyptik. »Das Weltgericht ist die klassische Landschaft der Froschlurche.«[1] Noch Carl von Linné, der Architekt der zoologischen Klassifikation, nannte sie das »unvollständige Tier«, ein Missgeschick der Schöpfung. Die schamlose Vermehrungslust dieser Kreaturen musste jedem Dorfpfarrer ein Ärgernis sein: gegen das fröhliche Gewimmel am Dorfteich blieben seine Sonntagspredigten machtlos.

Für Christen war der Gedanke, dass Sex auch Spaß machen könnte, geradezu abwegig. Zur Abschreckung bürgerte sich im deutschen Sprachraum das neuhochdeutsche Wort *Laich* für die Eier von Froschlurchen und Fischen ein. Durch die Klangähnlichkeit mit ›Leiche‹ assoziiert es – schambesetzt oder jedenfalls absichtsvoll doppeldeutig – Sexualität mit Tod. Mundartlich stand *laich* für alle Arten unreiner, schleimiger Flüssigkeiten, im übertragenen Sinn für Abstoßendes, moralisch Verwerfliches oder unanständige Scherze. Als *Hurenleich* wurden in Bayern die Kinder von Prostituierten bezeichnet. In einem altschwäbischen Wörterbuch wird laichen als »betrügen, stinken, unlautere Geschäfte machen« erklärt. Gutgemeinte

Ökologische Katastrophen wurden im Alten Testament gern als Strafgericht Jahwes über die Feinde Israels gedeutet. Prompt vergiftete eine Froschplage das Wasser des Nil.

Versuche, es aus dem mittelhochdeutschen Wort *leich* für eine mehrteilige Kantate abzuleiten, blieben den Beweis schuldig.

Andere Nationen haben die Tatsache, dass es sich schlicht um die Eier ungeborener Geschöpfe handelt, nüchterner ausgedrückt. Auf Französisch bedeutet *frayer* ›einen Weg bahnen‹; das englische *to spawn* heißt ›ablegen, produzieren‹. Und das französische *testar, nymphe* bzw. das lateinische *gyrinus, nidament* oder *ova* für Froschlurchlarven klingen deutlich angenehmer als das deutsche Wort Kaulquappen, mancherorts auch Kropfkeulen genannt. Negativ besetzt war auch die volkstümliche Bezeichnung Lurch (aus norddeutsch: Lork für

Kröte) für alle damals bekannten Amphibien, die der deutsche Naturforscher Lorenz Oken im 19. Jahrhundert eingeführt haben soll. Die phonetische Nähe zu abwertenden Dialektwörtern wie Lerch (liederliche Frau), lerk (lahm, krumm) fand dadurch auch in die zoologische Fachsprache. Das waren schmutzige, unschön klingende, abstoßende Wörter, die den Froschlurchen nicht gerade neue Freunde verschafften.

Nur im Deutschen gibt es das Wort ›Froschperspektive‹ für den niedrigsten Blickpunkt in die Welt; im Englischen und Französischen ist es die ›Wurmperspektive‹ (*vue du ver / worm's eye-view*) oder der ›Taucherblick‹ (*contre-plongée*). So wird das Niedere zum Ausdruck sozialer Abwertung. Unser angeborenes Wahrnehmungsverhalten ist nun einmal so organisiert, dass wir die Umwelt mittels räumlicher Kategorien ordnen. Groß – klein, oben – unten, innen – außen, hoch – niedrig, nah – fern sind Begriffe, durch die wir unsere perspektivische Beziehung zu Dingen und Lebewesen in der Umgebung ausdrücken. Solche im Hintergrund werden als kleiner, die in der Nähe als größer wahrgenommen. Maßstab ist dabei immer das eigene Auge und seine Parallaxe. Nur durch Vergleichen lässt sich der eigene Standpunkt in seiner Verhältnismäßigkeit bestimmen. Das ganz Große ist ebenso schwer zu begreifen wie das ganz Kleine. Zoomorphische Darstellungen in Wissenschaft, Kunst und Literatur zeigen Kröten und Frösche stets verkleinert zum zahllosen Gewimmel oder vergrößert zur Monstrosität. Diese perspektivische Verzerrung liegt auch unserer moralischen Werteordnung zugrunde, die wie ein inneres Koordinatensystem den räumlichen Standort des Betrachters widerspiegelt und sich in den Ordnungs- und Klassifizierungssystemen der modernen Naturwissenschaften niedergeschlagen hat. Die biologische Unterteilung der Tierreiche in ›höhere‹ und ›niedere‹ Arten schreibt die Lebewesen nach ihrem entwicklungsgeschichtlichen Erscheinen auf der Zeitskala in eine hierarchische Anerkennungskurve zwischen höchstem Respekt und tiefster Verachtung ein. In *Grzimeks Tierleben* aus den Sechzigerjahren heißt es beispielsweise: »Je höher eine Tierform entwickelt ist, desto später tritt sie auf – das zeigen die Frösche sehr schön; denn ihre höchstentwickelten Gruppen, die Froschverwandten (Displasiocoela = Krötenfrösche) und die Krötenverwandten (Procoela = Laubfrösche) sind am spätesten auf der Erde erschienen.«[2] In dieser Anerkennungskurve stehen Froschlurche ziemlich weit unten, knapp über den Insekten, aber weit unter anderen Bewohnern des Erdreichs wie Kriechtieren (Reptilien) und Meeresbewohnern. Die heute lebende Menschenart, *Homo sapiens,* sieht sich selbst genau am andern Ende der Skala, als späteste und komplexeste Lebensform der Erde. Die Welt aus den Augen der Kröte zu sehen heißt also, ganz unten zu sein. Und wer ganz unten ist, hat eben wenig Freunde.

Nicht einmal im Paradies können die Seligen vor den kleinen Sexmonstern sicher sein. Hieronymus Bosch, Der Garten der Lüste *(linke Tafel, Ausschnitt Paradiesbrunnen).*

Das metaphysische Tier

Zwar ist auch der Mensch, nach antiker Denktradition, ein Bewohner zweier Welten, wie Philoponos von Alexandria in seiner Schrift *De opificio mundi* (›Über die Erschaffung der Welt‹) festhielt: sterblich in seiner materiellen Natur, unsterblich durch den Geist. Wie zwischen Wasser und Land lebt er zwischen hier und dort. Seine sterbliche Hülle wird kompostiert, doch die Seele steigt auf in höhere Luftregionen. Ihr Aufbewahrungsort heißt je nach Glaubensrichtung und Sündenkonto Paradies, Scheol, Hades, Hölle oder Engelreich. Aufgeklärteren Generationen waren diese frommen Märchen allerdings nur noch ein spöttisches Gelächter wert:

Uns lehrt das Christenthum en gros
»Hier Erdenkloß, dort Himmelspächter!«
Doch unsrer Weisheit A und O
Ist ein unsterbliches Gelächter!
(Arno Holz, »Schauderhaft«, in: *Das Buch der Zeit,* 1886)

Schon der in Naturgeschichte stets gut unterrichtete Goethe konnte den seligen Versprechungen eines Jenseits nicht viel Tröstliches entnehmen und dichtete im *West-östlichen Divan:*

Hans Adam war ein Erdenkloß,
Den Gott zum Menschen machte,
Doch bracht er aus der Mutter Schoß
Noch vieles Ungeschlachte.

Die Elohim zur Nas' hinein
Den besten Geist ihm bliesen,
Nun schien er schon was mehr zu sein,
Denn er fing an zu niesen.

In der Metamorphose, im Gestaltwandel, glaubte er das Grundgesetz allen Lebens entdeckt zu haben, von der Pflanze bis zum Menschen. »Alle Gestalten sind ähnlich, und keine gleichet der andern; / Und so deutet das Chor auf ein geheimes Gesetz, / Auf ein heiliges Rätsel.« Die Vielzahl lebendiger Formen, die Fülle der botanischen Erscheinungen meinte er auf eine »Urpflanze« zurückverfolgen zu können. Und mehr noch: Der Universalschlüssel zur menschlichen Selbstvervollkommnung schien gefunden. »Kriechend zaudre die Raupe, der Schmetterling eile geschäftig, / Bildsam ändre der Mensch selbst die bestimmte Gestalt.« (»Die Metamorphose der Pflanzen«) Mit seiner poetischen Metapher des Gestaltwandels, zur Lebensmaxime geadelt, lag Goethe ziemlich richtig, wie die moderne Embryologie später bestätigte. Jedes Menschenleben beginnt mit dem gewaltsamen Übergang aus dem flüssigen Element der mütterlichen Fruchtblase in das Element der Luftatmer, den wir Geburt nennen. Mit dem ersten Sauerstoff, der unsere Lungen durchströmt, beginnt der unaufhaltsame Abstieg zum Tod. Nicht Religion oder Metaphysik, sondern unser vorgeburtliches Sein macht uns zu Weltenwanderern. Dass wir neben fester Nahrung auch Flüssigkeiten zu uns nehmen müssen und unser Körper zur Hälfte aus Gewebewasser und Flüssigkeiten besteht, dass wir ohne Wasser durch Überhitzung sterben müssen, dass wir wie die Lurche spezielle Schleimdrüsen

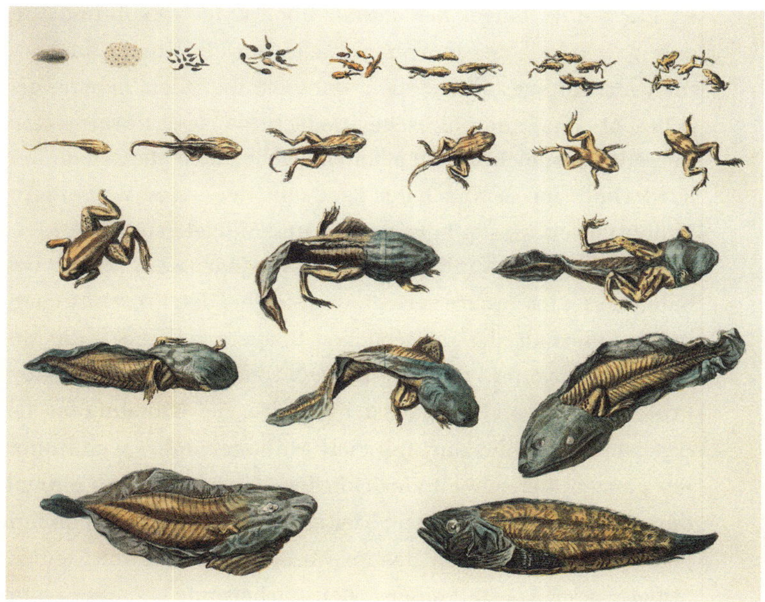

Die Metamorphose der Frösche aus dem Naturaliencabinet des niederländischen Apothekers Albert Seba, der der Welt 1734–65 seine sensationelle Naturaliensammlung öffnete.

zur Befeuchtung der inneren Organe besitzen, dass unsere Epidermis sich regelmäßig erneuert, macht uns zu doppellebigen Wesen. Damit ist zugleich die naturgeschichtliche Stellung des Menschen im biokosmischen Geschehen markiert. 1866 formulierte der deutsche Naturforscher Ernst Haeckel die »Biogenetische Grundregel« der Embryologie, wonach jedes Lebewesen während der vorgeburtlichen Reifung (Ontogenese) sämtliche Entwicklungsstadien seiner Gattung (Phylogenese) durchlaufe. Für die Anhänger der damals noch jungen Evolutionstheorie galt damit der morphologische Beweis einer gemeinsamen stammesgeschichtlichen Entwicklung allen Lebens als erbracht. Unser amphibisches Gedächtnis ist in unseren Körperzellen gespeichert. Mit jedem neugeborenen Menschenkind wiederholt sich demnach der Landgang der ersten Wirbeltiere. Phänotypisch weisen Lurchlarven und Säugetierföten tatsächlich frappierende Ähnlichkeiten auf, wie jeder weiß. Nur ist bei Säugetieren ins Innere verlegt, was sich bei den Froschlurchen meist außerhalb des mütterlichen Körpers vollzieht – die Metamorphose vom Ei über die Larve bis zur vollständigen Babykröte. »Sie wissen Dinge aus der Urwelt«, rief Wilhelm Bölsche begeistert aus, »die zum Teil viele Millionen Jahre weit hinter der ganzen Menschheit zurückliegen. Sie wissen, daß einmal der ›Mensch‹ noch in einem Tier steckte, das hinten einen langen Schwanz trug; oder das im Wasser lebte und mit Kiemen atmete; oder das statt einer festen Wirbelsäule erst einen dünnen Knorpelstab im Rücken trug.«[3]

Genau diese physiologischen Relikte einer unabsehbar langen Naturgeschichte waren der Lapsus in der christlichen Weltordnung, der Schreibfehler im Buch der Schöpfung, der aus theologischer Sicht mit allen Mitteln ausradiert werden musste. Auf den Bildern des Niederländers Hieronymus Bosch erscheint es zum ersten Mal in seiner ganzen obszönen Pracht und Lächerlichkeit auf der Bühne der Kunst: das Tier im Menschen. Seine Verdauungsorgane gleichen einem wüsten Wirtshaus, seine Genitalien einer Kröten- und Schlangengrube. Der Mann ist ein Mischwesen aus Baum und Schwein, die Frau ein nacktes, vegetabilisches Geschöpf, zwischen deren Brüsten eine Kröte hockt. In dem berühmten Triptychon *Der Garten der Lüste* malte Bosch »das Buch der Natur«, aber die Buchstaben waren durcheinandergeschüttelt. Der Originaltitel *Die Vielfalt der Welt* ist insofern treffender als der uns vertraute. Neben natürlichen Lebensformen bevölkern herrliche imaginäre Wesen die Szene. Auf der rechten Tafel umarmt ein Dämon mit Eselskopf eine Frau, ein anderes Wesen hält ihr sein Gesäß als Spiegel vor das Gesicht. Auf dem linken Bild wird eine Kröte von einem Vogel gefressen, wie es der natürlichen Ordnung entspricht. Auf der mittleren Tafel wird eine andere von einem Raubvogel durch die Luft getragen, während unter ihr junge Männer und Frauen beim Liebesspiel zu sehen sind. Auf der linken Tafel wandert eine Schar Froschlurche vom Paradiesbrunnen friedlich hinaus zum Ufer eines Flusses. Unter den 25 Gemälden dieses frühen Surrealisten ist kaum eines, auf dem nicht froschartige Geschöpfe mit dicken Schenkeln und grotesken Köpfen in Taucherglocken zu sehen sind. *Das Weltgerichtstriptychon* zeigt eine Krötenprozession, die den Satan höchstpersönlich umkreist. Sie führt die Verdammten der Erde im Gänsemarsch zur Hölle (in Anlehnung an die ägyptische Froschplage im Alten Testament). Das biologisch korrekt abgebildete und das imaginäre Tier sind dabei stets sorgfältig auf verschiedene Bild- und Bedeutungsebenen verteilt. Denn die Natur ist selbst die größte Künstlerin. Ihre unerschöpfliche Formkraft wird durch bizarre Metaphern und verrückte Vergleiche zum Vorschein gebracht, die jeder menschlichen Fantasie spotten: aus Rüsseln, Schwänzen, Flügeln, Federn, Schuppen, Köpfen und deformierten Körperteilen werden paradoxe Kreaturen improvisiert. Die Rekombination der natürlichen Ordnung ist der Triumph des Künstlers über die Theologie der Schöpfung. Ein allgegenwärtiges Naturprinzip, wie es bei Pflanzen, Schmetterlingen, Fröschen und Kröten beobachtet werden kann – Gestaltwandel – revolutionierte die Kunst im Ausgang des Mittelalters. Die Gemüse- und Obstgesichter von Arcimboldo, die illusionistische Malerei des *Trompe-l'Œil* schaffen neue ästhetische Übergänge zwischen Realität und sinnlicher Wahrnehmung. Von nun an ist auch die Kröte nicht mehr nur das sündhafte Tier der Apokalypse, sondern das metamorphische Tier des Übergangs, der Transzendenz, das Wappentier aller Dichter, Maler, Träumer, Kiffer und rauschhaft entrückten Halluzinisten. Einige Jahrhunderte nach Bosch erlebte der Expressionist Oskar Panizza beim Anblick eines Überseedampfschiffs einen hypnotischen Schock: »Und mit den dunklen, warzenartigen Aufsätzen der Kajütenlöcher kam das schreiend gefärbte Monstrum heran wie eine gelbe Kröte, ein riesiges, giftiges Amphib. Im Moment, da ich es sah, wurde mir leichter. Ich hatte jetzt einen entsetzlichen Gegenstand, mich daran zu halten. Und die ganze Erscheinung war bei aller Monstruosität so prachtvoll, großgeschlacht und fantastisch, daß ich wie ein Besessener auf dieses unerhörte Idol sah.«[4]

Schon immer hat das Monströse, das widernatürlich Übersteigerte die künstlerische Fantasie beschäftigt. So kann dem Dichter Lautréamont an einem trüben, regnerischen Morgen des Jahres 1874 eine Kröte als Inbegriff höherer Mächte erscheinen: »Wer ist dieses Wesen dort hinten am Horizont, das es wagt, sich mir furchtlos in schrägen, unruhigen Sprüngen zu nahen; und welche Majestät mit heiterer Milde gepaart! Sein Blick, wenn auch sanft, ist tief. Seine riesigen Augenlider spielen mit der Brise und scheinen zu leben. Ich kenne es nicht. Mein Leib erzittert, während ich ihm in die gräßlichen Augen blicke.« Ein existenzieller Moment tiefer Lebensangst verfängt sich in dem starren Basiliskenblick. »Du mußt mächtig sein; denn dein Antlitz ist übermenschlich, traurig wie das Weltall und schön wie der Selbstmord. Ich verabscheue dich so sehr ich nur kann; und es wäre mir lieber, seit Anbeginn der Zeiten eine Schlange um meinen Hals geringelt zu sehen und nicht deine Augen ... Was! ... du bist es, Kröte! ... dicke Kröte! ... unglückliche Kröte! ... Verzeih! ... Verzeih! ... Was willst du auf dieser Erde, wo die Verdammten sind?«[5]

Darauf wusste die Kröte vermutlich nichts zu erwidern. Denn natürlich springen Kröten nicht und schon gar nicht schräg. Sie war also streng genommen wohl ein Frosch. Ikonografisch kam Lautréamonts geflügelte Kröte geradewegs aus der Vanitas-Tradition. Schon Bosch hatte um 1490 ein dickes, gespenstisch graues Amphib mit Engelsflügeln hoch auf dem *Heuwagen,* der die Welt der Reichen symbolisieren soll, als Schmeichler und Hofmusikanten dargestellt. Tief unter ihm kämpfen groteske Mischwesen aus Fisch, Frosch und Insekt erbittert um ein Stück vom Wohlstand. Die natürliche Ordnung ist aufgehoben; der Krieg aller gegen alle stürzt die vertierte Menschheit ins Chaos, und die Kröte macht dazu die apokalyptische Musik.

Pieter Brueghel d. Ä. schuf fünfzig Jahre später in dem siebenteiligen Kupferstich-Zyklus *Die sieben Todsünden* ein groteskes Armageddon. Zwischen kriechenden, flatternden, krabbelnden Monstergeschöpfen sündigt das Menschengeschlecht seiner ultimativen Verwandlung entgegen: zum Menschengetier. Denn es hat sich dem Geiz und dem Hochmut, der Trägheit des Herzens, der Habgier, Wollust und Eitelkeit ergeben. Tiefer kann man nicht sinken. Ein unendlicher Zug aus nackten Zweibeinern, immer wieder neu rekrutiert aus froschartigen, rattengeschwänzten, schweinsohrigen, hundeköpfigen Wesen, schiebt sich auf dem letzten Blatt durch die verdorbene Welt hinaus zum Höllentor. Knapp vierhundert Jahre später wird das apokalyptische Tier noch einmal herbeigerufen, auf dem gleichnamigen Gemälde des deutschen Expressionisten Otto Dix. Alle menschlichen Verbrechen sind nun in der höchsten Todsünde vereint: der Unbarmherzigkeit. Ihr Symbol: eine plumpe Kröte, die sich in der geöffneten Herzgrube des Todes duckt. Der Tod posiert als tanzender Sensenmann; Arme und Beine bilden ein Hakenkreuz, für damalige Betrachter leicht zu entschlüsseln als Warnzeichen vor der heraufziehenden NS-Diktatur. »Der Tod ist ein Meister aus Deutschland« (Paul Celan), sein Totemtier die Kröte. Ein paar Jahre später – die düstere Vision hat sich mit den Nürnberger Gesetzen von 1935 erfüllt – präsentiert der Meister der politischen Fotomontage, John Heartfield, auf einem Plakat eine monströse Kröte als Symbol des faschistischen Rassenwahns. »Dreitausend Jahre konsequenter Inzucht beweisen die Überlegenheit meiner Rasse«, steht unter der Druckgrafik, die den Titel *Die Stimme aus dem Sumpf* trägt.

Nichts ist bekanntlich schwerer wieder loszuwerden als ein schlechter Ruf. Die Kröte, das metamorphische Tier, ist zum Inbegriff moralischer Hässlichkeit geworden. Als sogenannte niedere Lebensform verachtet, ist es dazu verurteilt, die biologische Grenze zwischen Tierheit und Menschheit immer wieder

STIMME AUS DEM SUMPF

Fotomontage: John Heartfield

„Dreitausend Jahre konsequenter Inzucht beweisen die Überlegenheit meiner Rasse!"

John Heartfield, Die Stimme aus dem Sumpf.

als steile Vertikale, als Absturz in Barbarei und Triebhaftigkeit zu repräsentieren. »Aus den Veränderungen der Antwort auf die konstante Frage nach dem Menschen im Tier setzt sich die Geschichte von Frosch und Kröte zusammen.«[6] Höchste Zeit also, die Frage noch einmal anders zu stellen, damit vielleicht eine andere Geschichte denkbar wird: nämlich die nach dem Tier im Menschen. In der unverstandenen Biologie des Tiers liegt sicher einer der Gründe, warum tierethische Aspekte im Verhältnis von Mensch und Kröte unter dem Einfluss kulturgeschichtlicher Archetypen und Metaphern verloren gegangen sind. Doch genau genommen ist ja auch der Mensch nichts anderes als ein zweibeiniges Erdtier, das sich Höhlen baut, um sich gegen Fressfeinde zu verteidigen, wie in Franz Kafkas Parabel *Der Bau.* Die Naturgeschichte von Tier und Mensch ist eine gemeinsame, nichtdualistische Geschichte der »Leibhaftigkeit« (Hüppauf). In einer anderen Erzählung von Kafka, seiner berühmtesten, erwacht ein braver Angestellter – sein Name ist Gregor Samsa – morgens in seinem Bett als »ein ungeheures Ungeziefer«, ein riesiger Käfer, hilflos gefangen in seinem Chitinpanzer. Die Evolution hatte über Nacht einfach den Rückwärtsgang eingelegt.

Das giftige Seelentier

Es hat lange gedauert, bis sich das biologische Tier von der Last seiner symbolischen Zuschreibungen befreien konnte, und so richtig gelungen ist es der Kröte bis heute nicht. Schuld daran sind zwei längliche Drüsenwülste hinter ihren Augen, die Parotiden, deren toxisches Sekret sie gegen Angreifer schützen soll. Wie die Fruchtfliege *Drosophila* das Haustier der modernen Genetik, war die Kröte in der europäischen Neuzeit dieser giftigen Sekrete wegen das Maskottchen der *magia naturalis.* »Mächt'ger Zauber würzt die Brühe, Höllenbrei im Kessel glühe!«, heißt es bei Shakespeare. Krötensud und Echsenöl, Molchaugen und Unkenzehen, Schlangenfleisch und Froschpulver gehörten in jede gut sortierte ›Hexenapotheke‹. So reimen die Hexen in *Macbeth:*

Um den Kessel dreht euch rund,
Werft das Gift in seinen Schlund!
Kröte, die im kalten Stein
Tag' und Nächte, dreimal neun,
Zähen Schleim im Schlaf gegoren,
Sollst zuerst im Kessel schmoren!

Nichts leichter, als im Frühling, wenn Teiche und Waldtümpel vom Quaken der Frösche und vom Trillern der Unken widerhallten, sich mit dem ›Zaubermittel‹ zu versorgen.

Die giftige
abscheuliche
greuliche
wüste
unflätige
Giftlauche
wohnend in der Erdengrufft
nehrt sich von den faulen Lufft
lebet von dem Schleim und Pfitzen
kann den Menschen niemals nützen.

So behauptete es 1653 der deutsche Sprachkünstler Philipp Harsdörffer in seinem *Poetischen Trichter.* Auf Stöcke gespießte Kröten wurden, langsam erstickend, als Schutz gegen entzündete Kuheuter an Stalltüren genagelt, als Feuerbann auf Scheunendächern in glühender Sonne gedörrt. *Aqua prophylactica sylvii,* ein aus Krötenlebern destillierter Schnaps, sollte gegen Krebsgeschwüre helfen. Noch 1843 nannte Georg Friedrich Most in seiner *Enzyklopädie der Volksmedizin* »pulverisierte Kröte« unter den harn- und schweißtreibenden Mitteln, die in richtiger Dosierung auch bei Pestepidemien helfen sollten. Gegen Gicht empfahl er, eine lebende Kröte in die Sonne zu hängen, bis sie verendet sei, und die Mumie, in einen Beutel genäht, auf der Haut zu tragen. In Südtirol waren die Hetschen, lebend in Öl eingelegte Kröten, als Hausmittel begehrt.

Das Wissen über Kröten speiste sich noch vorwiegend aus Fabeln und Märchen. Hildegard von Bingen, eine anerkannte Naturforscherin ihrer Zeit, scheint ihre Abneigung gegen Kröten und Frösche noch aus den Fortschreibungen des *Physiolo-*

gus bezogen zu haben. In ihrem *Buch von den Tieren* wird der Frosch als »kalt und ziemlich wässrig« bezeichnet; einen heißen Umschlag mit einer Froschleiche hält sie für ein wirksames Mittel gegen Gliederschmerzen. Die Kröte (credda) dagegen sei von großer Wärme, beißender Schärfe und voller Gift; man könne mit einem Präparat aus ihrer Leber aber jene üblen Säfte austreiben, die Ursache von »orfimas« (Rufen, Schorf, Aussatz) sind: »denn ein Übel vertreibt oft ein anderes Übel«. Vernichtend fällt ihr Urteil über die Unke (hornwine) aus: Sie »ist kalt und die warmen Elemente, die sie in sich hat, sind Eiter und Gift ... Nichts an ihr ist medizinisch verwendbar.«

Conrad Gessners *Historia animalium* gilt als die erste naturkundliche Darstellung der vierfüßigen Fauna Mitteleuropas, erschienen 1551–88 in Zürich. Auch Gessner nennt die Kröte »ein überaus kaltes und feuchtes Thier, gantz vergift, erschröcklich hesslich und schädlich«. Eine Ehrenrettung der verachteten Amphibien versuchte 1618 der Rostocker Humanist und Naturforscher Michael Maier, Autor der emblematischen Dichtung *Atalanta fugiens oder Chymisches Cabinet.* Er nahm die Kröte, als Symbol der Erde, zusammen mit dem Adler sogar in sein Hauswappen auf. Beide Tiere sind aneinandergekettet zum Zeichen, dass Erde, Wasser und Luft in der hermetischen Medizin zusammengehören, wie es der berühmte arabische Mediziner Abdul Ibn-Sina (Avicenna) gesagt haben soll. Und so gelangte doch noch ein Körnchen fernöstlicher Dialektik ins christlich-europäische Gedankengut.

Krötensekrete sind als gefährliches Gift wie als Gegengift seit Langem bekannt. Chinesische Ärzte benutzten es schon um 2700 v. Chr. gegen Herzbeschwerden. Sie waren die Ersten,

Zweideutige Avancen. Kupferstich von Matthias Merian zu Michael Maiers spiritueller Feier der Göttin Natur Atalanta fugiens, *1618.*

die die heute als Herzglykoside bekannten Wirkstoffe in den Hautdrüsensekreten (Bufadienolide) Echter Kröten (Bufoniden) entdeckten, die bei richtiger Dosierung die Kontraktionskraft des menschlichen Herzmuskels stärken. Bestandteile dieser Substanzen wurden später auch in Pflanzen nachgewiesen, so in Maiglöckchen und Meerzwiebel, Christrose, Oleander, Rotem und Gelbem Fingerhut (*Digitalis*). Die aus Krötensekret gewonnenen Bufotoxine unterscheiden sich allerdings in ihrer molekularen Struktur von pflanzlichen Digitalispräparaten, da sie außerdem die Neurotransmitter Serotonin und Tryptamin enthalten und daher ihrer psychoaktiven Wirkung wegen geschätzt werden.

Plinius der Ältere berichtete von dem pontischen König Mithridates, der ein begabter Pharmazeut gewesen sein soll. Die nach ihm benannten Heilmittel empfahl noch der spätantike Arzt Galenos von Pergamon als Antidot gegen allerlei Naturgifte. Nikandros aus Kolophon kannte im 2. Jahrhundert v. Chr. eine Reihe von pflanzlichen Gegenmitteln (Theriaka, Alexipharmaka) bei Vergiftungen durch den Biss von Tieren. Gegen Krötengift griff er zur Milz eines Froschs oder einer Kröte, wie der Pharmakologe Julius Wagner-Jauregg berichtet hat. Einige Tiere standen selbst im Ruf, »giftkundig« zu sein, so Rabe, Esel, Wiesel, Maus, Schlange und Igel; bei einigen von ihnen standen Kröten sogar auf dem täglichen Speiseplan.

Präparate aus den Innereien von Kröten oder Hautgifte gehören noch heute zu jeder asiatischen Hausapotheke. In Ostasien und China wird getrocknetes und pulverisiertes Sekret bestimmter Krötenarten als *Sen-so* oder *Ch'an-su* verabreicht. *Cane skin tea* wird traditionell in Australien getrunken, gewonnen aus getrockneter Krötenhaut. Die Maya konsumierten den giftigen Schleim von *Bufo marinus,* heute als Aga-Kröte bekannt, um sich bei rituellen Festen in rauschhafte Ekstasen zu katapultieren. Als Liebespulver schätzten Mexikaner das getrocknete Sekret. In Veracruz wurde ein Gebräu aus Krötengift, Pflanzenextrakten und Maisbier jungen Männern bei rituellen Initiationsfeiern zu trinken gegeben, die dabei den ersten Schwips ihres Lebens erleben durften. Ayahuasca heißt das Weihgetränk der Santo-Daime-Kirche, einer brasilianischen Sekte, die seit einigen Jahren in der ganzen Welt Anhänger wirbt. Es wird aus Pflanzenextrakten gewonnen, die ähnliche Alkaloide enthalten wie Krötenschleim und stark psychedelisch wirken. Hauptbestandteil ist ein Sud aus den Blättern eines Baums, *Psychotria viridis.*

Obwohl unter den europäischen Arten der Frösche (Batrachiden) keine einzige giftig ist oder Aussicht auf einen ordentlichen Rausch verheißt, ging es auch den quakenden Verwandten der Kröten an den Kragen. Vor dreihundert Jahren hätte der Apotheker einem vom Studieren erschöpften Jüngling geraten: Stich einem lebenden Frosch die Augen aus, binde sie in Nachtigallenfleisch, umwickle sie mit Hirschhaut, häng sie über deinen Schreibtisch, und die Müdigkeit verfliegt sofort. Bei Husten spuck ihm ins Maul. Dann wäre er wohl in der Hinterstube verschwunden und mit einem Marmeladenglas zurückgekommen, in dem ein Frosch sitzt. Jede gut geführte Apotheke hielt sich stets einen Vorrat lebender Exemplare. In Franken wurden getrocknete Laubfrösche als Schadenabwehr in einem Lederbeutel um den Hals getragen. Froschlaichpflaster waren beliebt als Erste Hilfe gegen Verbrennungen; lebendige Frösche wurden den Kranken gegen ›kaltes Fieber‹ auf die Brust gelegt, bis die Tierchen an Austrocknung starben.

In der Antike galten zwar nur die ›stummen Frösche‹, als welche man Kröten lange missdeutete, als giftig, aber das war ein gefährlicher Irrtum. In der größten Apotheke der Welt, im mittel- und südamerikanischen Regenwald, lebt der warzige Giftlaubfrosch (*Phrynohyas venulosa*); seine Giftdrüsen können es mit jeder Kröte aufnehmen. Die harlekinbunten Baumsteigerfrösche (Dendrobatiden) geben ihr hochwirksames Nervengift über die Haut ab. Unter ihnen hat es der Schreckliche Pfeilgift-

Auf der Jagd nach Ruhm suchen französische Naturforscher Ende des 18. Jahrhunderts nach exotischen Laubfröschen in Surinam um die Wette.

frosch (*Phyllobates terribilis*) aus Kolumbien zu unrühmlicher Popularität gebracht. Eine Portion seines Giftes soll ausreichen, um zehn bis zwanzig Menschen umzubringen.

Kröten und Frösche sind friedliche, scheue Tiere. Anders als Schlangen, Skorpione und zahlreiche Insekten- und Fischarten sind sie nur passiv-giftig. Das heißt, sie greifen nur an, wenn sie angegriffen werden. Fühlen sie sich bedroht, hat jede Gattung außerdem noch ihre besonderen Taktiken der Verteidigung. Erdkröten pumpen sich auf mehrfache Größe auf, stemmen sich auf ihre Füße und simulieren damit Kampfbereitschaft. Unken rollen den Rücken zur Schüssel auf, ziehen die Gliedmaßen an den Körper und signalisieren durch ihre grellfarbige Bauchseite: Ich bin giftig. Ihre Hautdrüsen sondern ein weißes, schaumiges Sekret ab, das sie für Fressfeinde ungenießbar macht – allerdings längst nicht für alle. Wasserfrösche tauchen blitzschnell ab. Grasfrösche pressen sich nach Unkenart eng an den Boden und legen die Hände vor die Augen. Doch zuweilen hilft ihnen das alles nichts. Mäusebussard, Graureiher, Krähe, Waldkauz, Iltis, Ringelnatter und Storch lassen sich durch den strengen Geschmack der Lurche nicht abschrecken.

Die kurzsichtige Jägerin

Beim Umgraben des Gartens, Mitte März. Die Sonne steht noch tief am wolkenlosen Himmel, die Luft ist eisig kalt. Im Graben steht still und braun das Wasser, bedeckt mit modrigem Laub. Eine voreilige Hummel brummt dicht über dem welken Gras. Aber schon mit den ersten warmen Sonnenstrahlen am Mittag sirrt und summt und schwirrt und krabbelt es dicht über dem Boden: Bienen, Fliegen, Wespen, Ameisen, kleine schwarze Käfer und sogar die ersten Mücken begeben sich auf die Jagd. Allmählich gewöhnt sich mein Blick an das Kleine, das Gewimmel ganz unten, ich erkenne immer mehr, wo ich früher nur Wiese sah. Kampflustig jage ich den Spaten in die schwere feuchte Erde. Jeder Quadratzentimeter enthält hier vermutlich mehr Leben als ein Wildpark in Afrika. Fette rosa Regenwürmer, die Klimaingenieure des Bodens, versuchen panisch, meinem Arbeitseifer zu entkommen. Der französische Insektenforscher Jean-Henri Fabre fand eines schönen Tages zu Anfang des 20. Jahrhunderts in seinem Garten kleine Würstchen, von denen er zunächst nicht wusste, wie oder von wem sie zustande gebracht worden sind. Doch dann entdeckte er dieselben Dinger in dem Terrarium, das vorübergehend eine Kröte beherbergte. Er untersuchte sie unter dem Mikroskop und fand heraus, dass sie aus Hunderten Ameisenköpfen bestanden, die die Kröte ausgeschieden haben musste. Möglicherweise waren sie im Magen von Käfern, bevor sie im Magen der Kröte gelan-

Sympathisches Familientreffen im Reich der Frösche: Laubfrosch, Seefrosch & Co.

det sind. Ihre bevorzugte Nahrung sind Insekten der Gattungen Laufkäfer (Carabiden), Kurzflügler (Staphyliniden), junge Eidechsen, Spinnen.

Kröten sind nicht gerade als Feinschmecker bekannt. Die als Ohrenkneifer bezeichneten Ohrwürmer (Dermaptera), aber auch Wespen und Bienen stehen ganz oben auf ihrem Speiseplan. Die Nachtmahlzeit einer erwachsenen Erdkröte kann vier, sechs, acht Insektenkörperchen enthalten. In Europa sind sechstausend verschiedene Arten Laufkäfer bekannt; die meisten sind schwarz, länglich, mal glänzend und für Laien nur schwer zu unterscheiden. Sie legen ihre Larven in lockeren, humosen Boden oder in Laubstreu. Der Grubenlaufkäfer lebt zum Teil in Fließgewässern und ernährt sich überwiegend von Schnecken und Ameisen; viele Arten sind omnivor, Allesfresser. Etwa zweitausend Arten von Kurzflüglern gibt es in Mitteleuropa, einige Arten leben als Mitbewohner in Wespen- oder Ameisennestern in mehr oder weniger freundlicher Wohngemeinschaft, sie bevorzugen eher trockene Biotope, wie die Ameisen, und wie ihre Wirte spritzen sie bei Gefahr giftige Amine aus.

Das stört die Kröten aber nicht, die hier doppelte Beute wittern. Alles, was sich bewegt, wird blitzschnell verschluckt. Selbst die großen Mistkäfer und verschiedene Arten der als Schädlinge berüchtigten Rüsselkäfer (Curculioniden) werden im Ganzen verschlungen, die unverdaulichen, stark chitinhaltigen Deckflügel wieder ausgeschieden. Überwiegend handelt es sich um Insekten, die ebenfalls nachtaktiv sind und der Kröte vor das Maul laufen. Die Dunkelheit ist für Kröten ein stilles Tischleindeckdich.

In der Hitze des Gefechts stößt das Spatenblatt auf eine Maulwurfsgrille aus der Ordnung der Heuschrecken und zerteilt sie in zwei gleiche Hälften. Es ist ein ausgewachsenes Exemplar, mindestens zehn Zentimeter, kastanienbraun und länglich wie ein haariger Wurm. Sie ist ein ziemlich merkwürdiges Insekt, das neben den spitz zulaufenden langen Flügeldecken kräftige Grabschaufeln wie ein Maulwurf besitzt und fast das ganze Jahr unter der Erde lebt. Ich bin erschrocken und komme mir vor wie ein ertappter Komplize. Denn meine Nachbarin, die Herrin eines prachtvollen Bauerngartens, verfolgt mit unnachgiebiger Härte jeden Eindringling, der sich an ihren Zwiebeln, Kohlrabi, Rosen und Lilien vergeht. Die Maulwurfsgrille ist ihr ärgster Feind, weil sie mit Vorliebe über die schmackhaften Wurzeln ihrer Dahlien herfällt; sie gehen ein, bevor sie blühen können. Aber auch Maulwurf, Erdwespe und Schnecke werden ohne Gnade verfolgt. Schneckenkörner gehören sowieso zur Grundausstattung jedes gewissenhaften Kleingärtners. Die Verachtung des Bodenlebens ist ganz offensichtlich eine Erfindung der ackerbauenden Menschheit – im Bündnis mit dem Papst und der Chemieindustrie. Als Zugezogene erlaube ich mir, dieses sinnlose Morden nicht mitzumachen – und werde belohnt. Mein Kopfsalat bleibt auch im dritten Jahr ohne Gift von Schnecken verschont, dafür wird er gern von Grasfröschen besucht, deren Lieblingsspeise sicher Schnecken mit grünem Salat sind. Meine Dahlien blühen jeden August üppig. Meine Kartoffeln haben keinen Käferbesuch. Außer über Wühlmäuse und kleine Ameisenkolonien im Erdbeerbeet habe ich nicht zu klagen über ›Schädlinge‹ und ›Ungeziefer‹.

Die mit mehr als 50 000 Arten zahlreichste Familie unter den

Insekten, die Rüsselkäfer, bewohnen überwiegend Pflanzen. Sie bringen ihre Larven geschickt in pflanzlichem Gewebe, Blättern und Stängeln, unter. Wie ihr Name oft schon sagt, spezialisieren sich einzelne Arten auf bestimmte Pflanzen, wie *Anthonomus pomorum,* der Apfelblütenstecher. Blattkäfer (Chrysomeliden) ernähren sich von Blättern, so wie der berüchtigte Kartoffelkäfer. Manche Exemplare sind bis zu zwei Zentimeter lang, haben also beinahe schon die Größe junger Kröten. Allerdings sind sie oft behaart oder geschuppt und vermutlich nicht besonders bekömmlich. Aber die Kröte tut den Menschen den Gefallen und verschmäht auch harte Kost nicht. Von den Coccinelliden, den zarten Marienkäferchen, die wegen ihrer hübschen gelben oder roten Flügeldecken und als fleißige Blattlausvertilger beliebt sind, hält die nachtjagende Kröte weder der bittere Geschmack noch der abstoßende Geruch ihres Wehrsekrets ab. Die Elateriden, Schnellkäfer, legen ihre Larven im lockeren Boden ab und bieten so ebenfalls leicht erreichbare Leckerbissen. Ihr Name kommt von ihrer Sprungfähigkeit; sie schnellen mithilfe des speziellen Mechanismus eines Muskelpaars am Hinterleib blitzschnell von Rücken- in Bauchlage. Zu ihnen gehören auch die Glühwürmchen aus der Familie der Lampyridae.

Bei diesem allgemeinen Fressen und Gefressenwerden entstehen gemeinsame Lebensräume, Nahrungsgemeinschaften, in denen das Nahrungsangebot friedlich geteilt wird. Ameisen werden von Erdkröten bevorzugt. Laubfrösche lieben Fliegen, Wasserfrösche lauern stundenlang auf den Vorbeiflug einer Libelle. Solche biologischen Marktgemeinden sind auch für uns Menschen nützlich. Noch vor fünfzig Jahren war es üblich, bei der Aufforstung von Wäldern sogenannte Käfergräben anzulegen, um die jungen Bäume vor Schädlingsbefall zu schützen; sie waren so tief und steil, dass einige Käferarten, wie die flugunfähigen Rüsselkäfer, darin gefangen blieben. Sie zogen wiederum Kröten an, die sich reichlich bedienen konnten. Die Bezeichnung der Kröten als ›Nacht*jäger*‹ ist insofern irreführend. Vielmehr sind sie listige Fallensteller, die geduldig warten, bis sich die Beute in ihrem Sehkreis befindet. Dann schnellt die breite Zunge blitzschnell heraus und schnappt sie sich. Die Beute wird lebend verschlungen. Da Froschlurche kurzsichtig sind, unterscheiden sie das sich nähernde Objekt vor allem durch den Hell-Dunkel-Kontrast zum Hintergrund. Die Pigmentmoleküle der Fotorezeptoren in der Netzhaut reagieren auf Lichtreize und Wärme, sodass sich mit abnehmender Lichtintensität in der Dunkelheit und Kälte nicht nur die Sehschärfe, sondern auch die Farbe der Iris und die Form der Pupillen verändern. Echte Frösche und Kröten sind an ihren waagerechten Pupillen, Unken und Krötenfrösche an den senkrechten oder dreieckigen zu unterscheiden. Bei Erdkröten sind sie orange bis goldfarben. Kröten besitzen bewegliche Oberlider, mit denen sie je nach Art alle halbe Minute bis zu Intervallen von fünf Minuten blinzeln. Im Dunkeln sehen sie fast so scharf wie Katzen, aber nur solange sich das Objekt regt. Denn ihre Augen haben keine Muskeln zur Bewegung. Der starre Blick der Kröten erklärt sich also daraus, dass sie sich auf das Fixieren beweglicher Beute spezialisiert haben. Ein Stück Holz wird so nicht aus Versehen verschluckt, denn nur was sich bewegt, wird für schmackhaft gehalten. Ihre fünf Sinnesorgane sind in jeder Hinsicht so perfekt an das unterirdische Ökosystem angepasst, dass sie feinste Veränderungen der Umgebung

Ups, wieder nichts. Erdkröten bei der nächtlichen Jagd, eine bürgerliche Idylle aus Brehms Tierleben, *1911.*

an das Nervensystem und die inneren Organe weitergeben. Ihre Körpertemperatur regeln die wechselwarmen Froschlurche durch Verdunstung über die Haut. Sie haben zwar keine Infrarotsensoren zur Messung der Außentemperatur wie einige Reptilien. Dafür spielt die über die Hypophyse gesteuerte

Pigmentbildung in den Hautzellen bei der Temperaturregulierung eine wichtige Rolle. Viele Froschlurche können jederzeit die Farbe ihrer Haut ändern, um sich vor Hitze und Austrocknung zu schützen. Dies geschieht durch ein kompliziertes Zusammenspiel unterschiedlicher Chromatophoren (Pigmentzellen) in den Hautschichten, die auf Lichtreize und Feuchtigkeit reagieren. Je feuchter und kühler die Umgebung, umso dunkler mitunter die Oberflächenzeichnung. Gleichzeitig dient die grüne (bei Wasserfröschen) oder braune Färbung (bei Kröten) der Tarnung vor dem jeweiligen Hintergrund. Ihre Haut ist so dünn und feucht, dass Wasser, Sauerstoff und Kohlendioxid direkt durch die obere Zellschicht aufgenommen werden. Sie atmen und trinken zugleich. Bei steigenden Außentemperaturen geben sie auf demselben Weg Flüssigkeit ab. Um den Verlust auszugleichen, halten sie notfalls ihren Urin zurück. Der Harnstoffwechsel sorgt für einen osmotischen Druckausgleich zwischen Körper und Umgebungsfeuchtigkeit. Genügt auch das nicht, überhitzt der Organismus, die Harnsäure konzentriert sich im Blut und sie sterben. Ein südamerikanischer Frosch, den die Indianer »kreischende Kröte« getauft haben, *Lepidobatrachus laevis* oder Chacofrosch, hilft sich dadurch, dass seine Haut sich täglich erneuert und so mehrere Schichten übereinander bildet, die ihn wie ein Kokon umgeben und vor Austrocknung schützen. Wird es ihm zu warm, wirft er sie einfach ab. Die leuchtend grünen Makifrösche in Nicaragua und im Gran Chaco sind noch erfinderischer; ihre Hautdrüsen produzieren außer Abwehrgiften eine fetthaltige Substanz, mit der sie sich in Trockenzeiten mithilfe ihrer Hände und Füße eincremen und so wasserdicht machen. Wieder andere Gattungen wechseln komplett die Hautfarbe; je heißer es ist, umso heller werden sie, um die Lichtabsorption zu verringern.

Die meisten Froschlurche leben wie gesagt metamorphisch. Als Larven nehmen sie den Sauerstoff aus dem Wasser durch Kiemen auf und atmen erst als Erwachsene mit Lunge und Mundboden. Das funktioniert wie ein Blasebalg. Durch Heben und Senken des Mundbodens wird Luft durch die Nasenlöcher hin- und zurückgepumpt. Hinzu kommt die beschriebene Sauerstoffaufnahme durch die Haut, die auch im Wasser stattfindet. Es gibt aber unter den Amphibien auch Lungenlose; sie atmen ihr ganzes Leben lang durch innere oder äußere Kiemen, wie die Salamander aus der Familie der Schwanzlurche. Ein lungenloser Wasserfrosch der Gattung *Barbourula,* der ausschließlich durch die Haut atmet, wurde erst vor einigen Jahren auf der Insel Borneo entdeckt.

Noch ist es leer und still am Dorfgraben. Keine Kröte lässt sich blicken, kein Frosch weit und breit. Auf dem Nachbargrundstück brummt der erste Mähtraktor des Jahres. Kein Grashalm wird mehr wagen, die Gänseblümchen zu überragen.

Waldbodenstillleben

Ihre Entdeckung als Objekte wissenschaftlicher Neugier verdanken die Froschlurche dem Wimmelvolk, von dem sie sich ernähren, den Insekten. Die Erforschung ihres Lebensraums und ihrer Metamorphose rief sogleich die Nächsten in der Nahrungskette auf den Plan, Kriechtiere und Lurche. Den Anfang machten 1662 Johannes Goedaert mit seiner *Metamorphosis et historia naturalis insectorum,* einem reich bebilderten Kompendium der Insektenwelt, und Jan Swammerdams 1669 gedruckte *Historia insectorum generalis.* Otto Marseus van Schrieck, Jan Davidszoon de Heem, Abraham Mignon und Jan van Kessel entwickelten ein neues Genre der Malerei, das Waldbodenstillleben. Krokodil, Eidechse, Schlange und Basilisk bevölkerten exotische Flusslandschaften. Kaum ein Naturgemälde, auf dem nicht die kriechende Tierheit die Szene beherrschte: Schnecken, Spinnen, Käfer, Eidechsen, Mäuse, Schlangen, Würmer, Frösche, Kröten. Naturforscher waren oft sezierende Ärzte oder Künstler, und so kostete das neue Kunstgenre, Natura morte, unzählige Tierleben, denn natürlich mussten die Tiere zuerst gefangen und getötet werden, um in Ruhe beobachtet werden zu können. Van Schrieck züchtete seine Kröten eigenhändig in Glaskästen. Beliebt waren auch sogenannte Schüttelkästen, die Vorläufer moderner Terrarien. In solchen miniaturisierten Naturalienkabinetten wurden ›niedere Tierarten‹ wie präparierte Muscheln, Schne-

Otto Marseus van Schrieck, Stillleben mit Insekten und Amphibien, *1662.*

cken und Frösche so natürlich wie möglich zwischen Moos und Sand inszeniert. Mignon malte mit Vorliebe welkes und verderbendes Obst, das vom Erdgetier langsam angeeignet wird. Der Flame Joris Hoefnagel führte die Lupe in die Naturmalerei ein. Seine Miniaturen und Kupferstiche von Insekten, Fröschen, Muscheln, Samen und Blüten waren auf höchste Detailtreue bedacht. Mythische und reale Tiere existieren noch, wie bei Bosch und Brueghel, eine Zeitlang nebeneinander, bis die Niederländerin Rachel Ruysch, Tochter des Malers Frederik Ruysch und Schülerin Marseus van Schriecks, das Genre der Tiermalerei zur Meisterschaft führt. Während auf den Stillleben ihres Mallehrers die Tiere gegeneinander aufgestellt sind wie Ritterheere und die Natur ein einziger Kampfplatz ist, vollzieht sich bei Ruysch das große Fressen friedlich und in zivilisierter Ordnung. Eidechse frisst Schmetterling. Schlange frisst Kröte frisst Schnecke frisst Ameise. C'est la vie; alles hat auch seine schönen Seiten. Das Ansehen der verachteten ›Erdtiere‹ stieg noch einmal sprunghaft, als 1705 Maria Sibylla Merians mit kolorierten Kupferstichen geschmücktes Surinam-Buch *Metamorphosis insectorum Surinamensium* (›Verwandlung der surinamischen Insekten‹) erschien, ein Meisterwerk der Zeichenkunst. Das Besondere an Merians Insektenwelt war die systematische Darstellung natürlicher Lebensgemeinschaften, angefangen von der Paarung und Kinderstube über die Nahrung bis zum allgemeinen Kreislauf des Lebens zwischen Geburt und Tod. Raupen, Spinnen, Kröten, Käfer, Ameisen – sie alle waren endlich vernünftig eingefügt in ein allgemeines System der Natur. Der Entwicklungsgedanke war drei Jahrhunderte vor Darwin im bewundernswerten Zusammenspiel des Lebens gewissermaßen schon in leuchtenden Farben vorgezeichnet. Die Schönheit der Natur – auf einmal war sie nicht mehr Allegorie der göttlichen Heilsordnung, sondern harmonische Ordnung der Lebewesen in ihren natürlichen Umgebungen, Lebenszyklen und Gemeinschaften. Das Hässliche wurde rehabilitiert als sinnvoller Teil der Natur und ihrer Kreisläufe.

Diese Bilder sind beides: Feier der schönen Natur und Wissenschaft. Die Genauigkeit der Ausführung wird verbürgt durch die Arbeiten der ersten Naturforscher oder, wie bei Ruysch, Merian und Van Schrieck, durch eigene anatomische Studien. Die emblematische Überhöhung des Tiers nach dem

Vorbild des *Physiologus* macht einer nüchtern-naturalistischen Darstellung Platz. Das Erdreich ist nicht länger der Ort der Verdammten, des Ungeziefers, der vom Teufel gezeugten Kreaturen. In der Kunsttheorie freilich steht die Niederwelt der Stilllebenmaler noch für lange Zeit im Rang weit unter der Darstellung von Menschen oder illusionistischen Landschaftspanoramen.

Die Frage der Ordnung der Natur und des richtigen Platzes der verschiedenen Kreaturen darin wurde zu einem zentralen Forschungsgebiet der noch jungen Naturwissenschaften. Zu den denkwürdigsten naturkundlichen Experimenten der Neuzeit gehörte in diesem Zusammenhang wohl, was sich die Herren der englischen Royal Society 1663 ausdachten. Weil es in Irland keine Kröten gab, ließen die Gelehrten, wie Balthasar de Moncony berichtet hat, eine Fuhre irischer Erde nach London bringen und setzten englische Kröten hinein, um herauszufinden, ob die Kröten in dem fremdländischen Element heimisch würden. Keine englische Kröte, die auch nur einen Funken Patriotismus in sich spürte, würde nach Ansicht der Gelehrten das Experiment überleben, denn nach den englischen Bürgerkriegen waren das katholische Irland und das anglikanische England Todfeinde. Leider wurde das Ergebnis nicht bekannt. Aber noch der bedeutende Naturforscher des 18. Jahrhunderts, Carl von Linné, war tief überzeugt von einer einmal erschaffenen Ordnung der Lebewesen: jedem Fleckchen Erde sein Getier und seine Flora. Er träumte davon, sie eines Tages wie mathematische Zeichen in einen großen Kasten mit vielen kleinen Fächern übersichtlich zu ordnen. Und so nannte er schließlich sein Lebenswerk schlicht und bescheiden »vollständiges Na-

Rachel Ruysch, Blumenstillleben am Waldboden. *Im Schatten der Schönheit – die Kröte.*

tursystem«. Das von ihm 1758 eingeführte hierarchische System der Reiche, Klassen, Ordnungen, Familien, Gattungen und Arten ersetzte die alte Metapher vom Buch der Welt. Zur Klasse »Amphibien«, die im dritten Teil behandelt werden, zählte er Fisch- und Schlangenarten, Schildkröten, Salamander, »Schleichende«, Leguanartige, Eidechsen und »Drachen« (worunter er stark geschuppte Reptilien wie Skinke, Leguane und die saurierähnlich gedachten Basilisken verstand). Kröten stellte er in die Ordnung Rana (Frösche), von der er 17 Arten beschrieb. Die bis heute gebräuchliche binäre Nomenklatur setzt sich aus dem lateinischen Namen der Gattung, dem Trivialbeiwort (das sich auf auffallende Merkmale der Tierart bezieht), dem Namen ihrer Erstbeschreiber (in Majuskeln) und dem Jahr ihrer taxonomischen Erfassung zusammen. *Bufo bufo LAURENTI* 1768 beispielsweise bezeichnet die Gemeine Erdkröte, *Bufo calamita LAURENTI* 1768 die Kreuzkröte. Ihr Beschreiber Joseph Nikolaus Lorenz (zoologischer Name Laurenti) war ein österreichischer Mediziner und Naturforscher, der als Erster die Klasse der Reptilien von den Amphibien trennte (während Linné noch beide als eine Klasse behandelt hatte) und dreißig neue europäische Gattungen beschrieb.

Mit Linné, dem Ritter der Systeme, endete das Zeitalter der beschreibenden Naturforschung. Schon in Linnés Lebenszeit hatte sich die Anzahl der bekannten Arten vervielfacht und drohte sein System zu sprengen. Aber erst hundert Jahre nach ihm eröffneten Darwins Forschungen eine ganz neue Sicht auf die Naturgeschichte. Seine Theorie der ›Evolution‹, der allmählichen Veränderung ererbter Merkmale infolge der Anpassung der Lebewesen an veränderte Lebensbedingungen, war ein bedeutender Schritt zum besseren Verständnis der Biologie von Amphibien und Reptilien.

Alles fing damit an, dass Darwin auf den Galapagosinseln vor der Westküste von Südamerika eine Echsenart entdeckte, die schwimmen konnte wie ein Fisch. »Der allermerkwürdigste Zug der Naturgeschichte dieses Archipels«, so hielt er fest, »besteht darin, daß von den verschiedenen Inseln in einer beträchtlichen Ausdehnung jede von einer verschiedenen Gruppe von Geschöpfen bewohnt wird. [...] Es wäre mir doch nicht im Traume eingefallen, daß ungefähr fünfzig oder sechzig Meilen voneinander entfernt liegende Inseln, die meisten in Sicht voneinander, aus genau denselben Gesteinen bestehend, in einem ganz ähnlichen Klima gelegen und nahezu zu derselben Höhe sich erhebend, verschiedene Bewohner haben sollten«.

Dass umgekehrt unterschiedliche Arten, die geografisch Tausende Kilometer entfernt leben, ebenfalls einem gemeinsamen Stamm zugehören können, vermochte sich vor Darwin kaum jemand vorzustellen. Der theologische Begriff der Schöpfung berief sich ja gerade auf die dem Experiment der Royal Society zugrunde liegende Hypothese, dass jede auf der Erde lebende Art speziell für den ihr zugewiesenen Ort ›geschaffen‹ wurde: die Erdkröte für Mitteleuropa und der Krallenfrosch für die afrikanischen Savannen und so weiter. Mit den Erkenntnissen der Molekulargenetik hat sich im 20. Jahrhundert allerdings gezeigt, dass auch die Evolutionstheorie die komplizierten Familienverhältnisse der Froschlurche noch nicht ausreichend erklären konnte. Seit 1980 hat sich die Zahl bekannter Amphibien weltweit mehr als verdoppelt – auf über 7000 Arten. Allein hundert Arten sind nach der Einführung der moleku-

Im Tod vereint: Wassermücke, Lilie, Gelbbauchunke und Schraubenmuschel, Joris Hoefnagel und Georg Bocskay, Mira calligraphiae monumenta, *1561–62.*

largenetischen Sequenzierung des Amphibiengenoms im ersten Jahrzehnt des 21. Jahrhunderts dazugekommen. Moderne DNA-Analysen stellen das taxonomische System der Lebewesen zunehmend infrage, was gegenwärtig zu einem verwirrenden Chaos der zoologischen Nomenklaturen führt. Die phylogenetische Systematik (Kladistik) des deutschen Insektenforschers Willi Hennig könnte da ein Ausweg sein; er hat das Tierreich zu Abstammungsgemeinschaften (Monophylen oder Kladen) geordnet, sofern für eine Gattung von Lebewesen ein letzter gemeinsamer Vorfahre ermittelt werden kann. So zeigen alle

Unken denselben Karyotyp aus 24 Chromosomen. Erdkröten besitzen 22 Chromosomen, Geburtshelferkröten die höchste Zahl, 38 Chromosomen. Das erste vollständig sequenzierte Froschlurchgenom war das des afrikanischen Krallenfroschs (*Xenopus laevi*). Genetische Varianten zwischen den Arten und Gattungen können so auf ursprüngliche Habitate zurückverfolgt werden. Für Evolutionsbiologen sind Froschlurche eine Fundgrube, um der Frage nachzugehen: Wie entstehen überhaupt neue Arten. Ob eine Kaulquappe Männchen oder Weibchen wird, ist allerdings nicht ganz einfach herauszufinden. Außerdem ist ihr Genom nicht bei allen Arten diploid (das heißt, dass jedes Chromosom doppelt vorhanden ist), sondern oft dreifach oder vierfach. ›Polyploidie‹ kommt beispielsweise bei Wechselkröten vor, die in Zentralasien und in Pakistan leben, nicht aber bei europäischen. Bei derselben Art können also in verschiedenen Umwelten unterschiedliche Genomstrukturen auftreten – womit auch unterschiedliche Eigenschaften einhergehen. Hätten die Puderköpfe der Royal Society also doch Recht gehabt, die nicht glauben wollten, dass englische Kröten in irischer Erde überleben können?

Die gekreuzigte Kreatur

Was letztlich die Forschergemeinde bewog, sich diesen Tieren genauer zuzuwenden, war das zunehmende Interesse an Fortpflanzungsbiologie und Embryologie. Der junge Genfer Charles Bonnet hatte als Erster den Mut, sich der theologischen Ächtung sexualbiologischer Vorgänge in der Natur entgegenzustellen. Schon als Student stellte er eine Liste der kuriosesten Paarungsarten zusammen und beschrieb später die ungeschlechtliche Fortpflanzung bei weiblichen Blattläusen als Parthenogenese, Jungfrauengeburt. Was mit Bonnets Experimenten zur Pflanzenkeimung und Zellteilung anfing, war bedeutsam: die Widerlegung der physikotheologischen Doktrin der Urzeugung, wonach alles organische Leben auf seine Urform in der biblischen Schöpfungsgeschichte zurückgehe.

Ein Tabu war gebrochen, als Johann August Rösel von Rosenhof 1758 in seiner *Historia naturalis ranarum nostratium* (›Naturgeschichte der Frösche des hiesigen Landes‹) den Fortpflanzungszyklus bei Kröten ausführlich beschrieb. Auch er wollte dem Geheimnis der Zeugung auf die Spur kommen. Von den französischen Naturforschern anerkennend »der teutsche Réaumur« genannt, hatte Rösel nie eine wissenschaftliche Ausbildung absolviert. Er kam aus einer thüringischen Familie von Kupferstechern und Tiermalern und verdiente seinen Unterhalt einige Jahre als Portraitmaler und Aquarellist. Nachdem ihm auf einer Reise das berühmte Insektenwerk von Maria

Erdkrötenpaare vor und bei der Besamung der Eiperlenschnüre.
Rösel von Rosenhof, Historia Naturalis Ranarum, *Nürnberg 1758.*

Sibylla Merian gezeigt worden war, genügte ihm das Abmalen der Natura morte nicht mehr. An der Universität in Altdorf erlernte er das Handwerk des Sezierens und Präparierens und brachte 1740 den ersten Band seiner monatlichen »Insecten-Belustigung« bei einem Nürnberger Drucker heraus – eigenhändig auf dreihundert teils farbigen Tafeln illustriert und von einem befreundeten Mediziner in gelehrtes Latein übersetzt. Den Namen von Rosenhof nahm er erst an, nachdem er mit der Forschung an einheimischen Fröschen und Kröten begonnen hatte. Sein Biograf hat berichtet, dass Rösel öffentlich immer wieder dafür angefeindet worden sei, seine Lebenszeit mit der Beobachtung solcher »schädlichen und abscheulichen Geschöpfe« zu vergeuden, die nicht von Gottes Hand geschaffen worden seien, sondern von der seines Feindes, des Teufels.

Zuerst hatte sich Rösel »die blatterichte Landkröte mit rothen Augen« vorgenommen, wie er die Erdkröte nannte. Er setzte ein Krötenpaar in ein Glasgefäß, das mit Wasser und ein paar Wasserpflanzen gefüllt war, führte genauestens Buch darüber, was nun geschah, und trug die Daten in seinen Kalender ein. Er beobachtete, wie das Männchen seine Hände unter die Achseln des Weibchens schiebt und seine Brust mit festem Griff umschließt. Das Muttertier dehnt sich und biegt den Rücken zum Hohlkreuz, während es die Eier aus sich herauspresst. Das auf ihm sitzende, kleinere Vatertier richtet sich ebenfalls auf und presst die Schenkel mit rhythmischen Bewegungen an die des Weibchens, sodass die Eier im selben Moment von seiner Samenflüssigkeit benetzt werden. Dann trennt sich das Paar abrupt. Das Herauspressen der Eier selbst wird einige Male wiederholt, mit Ruhepausen von 15 Minuten, in denen das Paar zum Luftholen auftauchen muss. Zwei, drei Tage nach der Besamung haben sich die bräunlichen Kugeln, die durch zähe Schleimfäden miteinander verbunden sind, in kleine ›Weltkugeln‹ verwandelt: hellere und dunklere Flecken bilden ein unregelmäßiges Muster. Nach 14 Tagen sind Kopf, Rumpf und Schwanz deutlich ausgebildet, am Kopf erkennt Rösel schon zwei glänzende schwarze Punkte, die Augen und einen winzigen Mund. Nun fangen die kleinen Kobolde an, die Wasserpflanzen zu benagen, genauer gesagt, sie saugen den Pflanzensaft heraus. Ende September, Anfang Oktober ist die Umwandlung abgeschlossen.

Rösels gründliche Darstellung der Metamorphose im Fortpflanzungszyklus kam einer Generalabsolution gleich. Wenn der menschliche Verstand in der Lage war, ihr geheimnisvolles Treiben im Wasser und an Land zu ergründen, durften sie gewiss auch wieder aufgenommen werden in Gottes Schöpfung. Künstlerforscher wie Rösel, Goedaert, van Schrieck und Merian haben mit ihren anatomischen Darstellungen tief in das ästhetische Empfinden ihrer Zeit eingewirkt. Allerdings standen auch Rösel die »lieblichen Frösche« eindeutig näher als das Krötenvolk. Ihr Ruf, durch den giftigen Hauch ihrer Schleimdrüsen dem Menschen zu schaden, war schwer aus der Welt zu schaffen. Um der Sache nachzugehen, führte Rösel einer lebend aufgeschnittenen Kröte ein Glasröhrchen durch das Maul ein und blies Luft in ihre Lungen. Sie zerplatzte, aber sie stank nicht.

Es war üblich, dass Sektionen am lebenden Körper vollzogen wurden, um die Funktion der inneren Organe beobachten zu können. Auch Rösel kannte in dieser Hinsicht keine Skrupel.

Teichfrösche vor (unten) und nach ihrer Begegnung mit Rösel von Rosenhof (oben).

Er spannte einen Frosch mit überstreckten Armen und Beinen auf eine ebene Fläche, das Froschbrett, damit er beim Aufschneiden nicht zappelt – und hielt alles in seinen Zeichnungen fest. Die pralle Schallblase und das weit offene Maul zeigen deutlich, dass der Frosch dabei schrie. Einem Froschmann riss er während der Paarung einen Schenkel aus, ohne dass dieser die Paarung abgebrochen hätte. Daraus schlossen alle späteren Forscher, dass diese Tiere keinen Schmerz empfinden. Dass Tiere keine Seele, *Anima,* besitzen, galt den Naturforschern seit der Antike ohnehin als wissenschaftliche Tatsache – sie hatten beim Aufschneiden von lebendigen Hunden, Mäusen oder Fröschen nichts dergleichen gefunden. So gesehen brach die beginnende wissenschaftliche Beschäftigung mit den Froschlurchen nicht mit der Tradition des monströsen Tiers, sie verstärkte sie eher noch. Im Namen des wissenschaftlichen Erkenntnisdrangs schien jede Grausamkeit gerechtfertigt. Die Tiere profitierten also am wenigsten von dem neuen Wissen über die Natur. Auch nachdem Mediziner den Seelenbegriff durch den der ›Lebenskraft‹ (*vis vitalis*) ersetzt hatten, unter der man sich eine spezifische physische Energie organischer Körper vorstellte, blieben die Froschlurche Hauptleidtragende des Fortschritts.

Eine prominente Episode aus dem Martyrium der Froschlurche ist aus dem November 1780 überliefert: Luigi Galvani stellt bei der Untersuchung eines abgetrennten Froschschenkels fest, dass er zuckt, sobald die von ihm erfundene und neben dem Seziertisch stehende Elektrisiermaschine in Betrieb ist. In einem weiteren Experiment führt er nun einem Tier eine Nadel ins Rückenmark ein, um herauszufinden, ob die Berührung der Nadel mit der Eisenplatte dieselben Zuckungen auslösen würde. Und so war es. Der Froschleib hüpfte wie lebendig auf und ab. Nach Jahren kräfteraubender Forschung glaubte der Italiener das Geheimnis der Lebenskraft entdeckt zu haben: die tierische Elektrizität, ein vitales Grundprinzip, das er auf die nervöse Übertragung von Reizen über das sogenannte Nervenfluidum zurückführte. In Daniel Kehlmanns Roman *Die Vermessung der Welt* wird geschildert, wie der junge Alexander von Humboldt Galvanis Versuch zuerst an sich selbst, anschließend an vier toten Fröschen wiederholt, die er auf seinem Rücken postieren lässt, sodass sein eigener Körper gewissermaßen den Seziertisch bildet. Demütig geworden durch die Erkenntnis, dass Lust, Schmerz und Wahrheit in einem Wissenschaftlerleben genauso nah beieinanderliegen können wie in einem Lurchleben, solidarisiert sich der weltberühmte Naturforscher in dieser erfundenen Geschichte mit Bruder Frosch. Bruder Wilhelm wiederum wollte nicht zurückstehen und experimentierte daheim selbst mit weiblichen Fröschen, um seiner Annahme Nachdruck zu verschaffen, dass die Reizempfindlichkeit bei weiblichen Exemplaren größer sein müsse als bei männlichen – ein früher Beitrag zur Geschlechterforschung. Indessen stellte sich bald heraus, dass die elektrische Leitfähigkeit der Froschmuskel nicht von diesen selbst, sondern von den Metallen ausgelöst wurde, zwischen denen der Froschkörper gleichsam die Funktion einer leitenden Flüssigkeit übernahm. Der Galvanismus war vom Tisch. Immerhin verdanken wir dem galvanischen Frosch die Erfindung der elektrischen Batterie durch den Physiker Alessandro Volta, der nach der ›tierischen‹ die ›metallische‹ Elektrizitätslehre entwarf.

Auch Goethe widmete sich begeistert der Galvanisierung oder Vivisektion gekreuzigter Frösche auf dem Rösel'schen Froschbrett. Dabei wurden Nadeln durch die feine Haut der Hände und Füße gestoßen und auf einer Unterlage fixiert, sodass das Tier gezwungen war, seinen Peiniger anzusehen, während dieser das Seziermesser ansetzte, um etwa das schlagende Herz aus dem lebendigen Körper zu schneiden. Aus der ›Froschperspektive‹ war der nach Wissen strebende Mensch nichts anderes als ein Folterer und Mörder.

Nicht selten haben Forscher einer einzelnen Art ihr ganzes Forscherleben gewidmet, wie Rösel der Erdkröte oder der niederländische Mediziner Philipp Fermin der Großen Wabenkröte (*Pipa pipa*). Fermin verbrachte lange Zeit in Surinam, um Experimente an der Großen Wabenkröte vorzunehmen, einer exotischen Verwandten der europäischen Geburtshelferkröten (*Alytes*), die ihre Eier auf dem Rücken in kleinen Vertiefungen herumträgt, bis aus ihnen nach etwa neunzig Tagen fertige kleine Kröten schlüpfen. Zuerst entdeckt, studiert und abgebildet hatte sie allerdings Maria Sibylla Merian 1705 in ihrem prachtvollen Surinam-Buch. Der Braunschweigischen Akademie schenkte Fermin bei seiner Rückkehr nach Europa eine Pipa-Kröte. Sie wurde als ein Wunder der Natur ausgiebig bestaunt. Die Ehre als Namensgeber fiel dann wiederum 1768 dem schon genannten Österreicher Joseph Nicolaus Lorenz zu (*Pipa americana LAURENTI*). Ein Künstlertemperament wurde auch dem österreichischen Biologen Paul Kammerer nachgesagt, der 1902 an der Biologischen Versuchsanstalt im Wiener Prater mit Salamandern, Molchen und Geburtshelferkröten zu experimentieren begann und nächtens zwischen sei-

Schwimmende Große Wabenkröte. Maria Sybilla Merian, Metamorphosis insectorum surinamensium, *Amsterdam 1705.*

nem trillernden Versuchsmaterial musikalische Werke komponierte. Unter dem Einfluss der damals intensiv diskutierten Vererbungstheorie studierte er äußere Abweichungen und Verhaltensänderungen seiner Tiere unter wechselnden Umweltbedingungen. Nach jahrelangen Versuchen konnte er tatsächlich an seinen männlichen Geburtshelferkröten dunkle Verfärbungen an den Vorderfüßen vorzeigen, sogenannte Brunftschwielen, die diese Art normalerweise nicht besitzt. Er hatte sie nämlich gezwungen, sich statt auf dem Trockenen im Wasser zu paaren, wo das Anklammern des Männchens auf dem Rücken seiner Partnerin viel schwieriger war, und beobachtete die entsprechenden Merkmale auch in den nächstfolgenden fünf Generationen. Nach eigener und der Ansicht zahlreicher Fachkollegen hatte er eine sensationelle Entdeckung gemacht: Evolution ist kein linearer, deterministischer Prozess, sondern voller Sprünge, Zufälle und Mutwilligkeiten der Natur. Als 1924 das Buch erschien, in dem er am Beispiel der Brunftschwielenexperimente seine eigene Vererbungstheorie darlegte, nach der erworbene Erfahrungen über das Erbgut physiologische Veränderungen bewirken können, waren seine Kronzeugen allerdings längst gestorben, bis auf eine einzige präparierte Kröte. Zwei Jahre später behauptete ein amerikanischer Biologe in einer Fachzeitschrift, Kammerers Beweis sei wissenschaftlich manipuliert, die dunklen Flecken an dem präparierten Exemplar seien nichts anderes als schwarze Tinte. Der elegante Exzentriker, der österreichische »Halbjude« und Freund Alban Bergs, der »Krötenküsser«, der biologische Sektierer Kammerer war mit einem Schlag aus der Wissenschaftsgeschichte in die Fama der Scharlatane verstoßen worden. Sechs Wochen nach Erscheinen des amerikanischen Artikels schoss sich Kammerer eine Kugel in den Kopf. Es wäre ihm sicher eine Genugtuung gewesen zu erleben, dass die amerikanische Genetikerin Barbara McClintock, die Entdeckerin der »springenden Gene«, 1948 zum ersten Mal vererbbare Mutationen an Chromosomen nachwies, die in phänotypischen Veränderungen des Organismus sichtbar werden.

Wer ist die Schönste im ganzen Land? Sechs Frösche und Kröten, Theo van Hoytema.

Im Laboratorium der Evolution

Nach Darwins Theorie der allmählichen Entwicklung der Naturreiche und ihrer Arten lassen sich hundert Millionen Jahre Naturgeschichte wie in einem magischen Hohlspiegel auf einen Blick erfassen. Doch im Laboratorium der Evolution kriechen auch jede Menge Testversionen und Prototypen herum, von denen einige in Serienproduktion gingen, andere als Ausschuss aussortiert wurden. Schwimmende Echsen, gehende Fische, fliegende Frösche, eierlegende Schlangenbiber, giftige Vögel sind Zeugen der unerschöpflichen Kombinationslust der Natur, solange man ihr freies Spiel lässt. Genau so sind wir selbst entstanden – auf dem Weg der genetischen Mutation und Selektion. Das Lebensbuch der Lurche kreuzt die Entwicklungsgeschichte des *Homo erectus,* des aufrecht gehenden Menschen, vor etwa 400 Millionen Jahren. Als Nachfahren der Knochenfische aus dem Erdzeitalter Devon konserviert ihre Anatomie die Erzählung vom großen Landgang des Lebens. Die Knochenfische haben das Gehen in die Welt gebracht. Einige von ihnen, Lungenfisch und Quastenflosser, leben noch heute in den Tiefen der Ozeane, wie der südafrikanische Kombessa. Innovationen wie Wirbelsäule, Rippen und Schädelkapsel bringen das nächste Erfolgsmodell an den Start: das Wirbeltier. Schon für das Erlernen des Kriechgangs verlangte die Schwerkraft ein inneres Stützgerüst, knorpelig weich zuerst bei den Fischen, dann immer härter durch Einlagerung von Mineralien bei Amphibien und Reptilien. Sie sehen schon ganz anders aus als Fische, denn nichts anderes bezweckte die Verknöcherung des oberen Teils der Wirbelsäule, als einem ganz neuen Bauteil zum Durchbruch zu verhelfen. Aus ursprünglich netzförmig angelegten, einfachen Nervenbahnen (die auch Quallen schon haben) stülpt sich nach und nach etwas wie ein Gehirn hervor, geschützt durch die knöcherne Schädelkapsel. Wirbeltiere haben einen entscheidenden Evolutionsvorteil: Statt des schlauchförmigen Baues wie bei den Würmern besitzen sie eine Vorder- und eine Rückseite und ein stabiles Querrippengerüst, hinter dem die inneren Organe entlang der dorsoventralen Achse geschützt sind. Vor etwa 365 Millionen Jahren trennen sich dann die Stammlinien von Amphibien, Reptilien, Vögeln und Säugetieren – allesamt schon stolze Gehirnbesitzer.

Entwicklungsgeschichtlich gehören die Lurche also zum Stamm der Chordatiere, Unterstamm Wirbeltiere, die sich wiederum in zwei Gruppen teilten: eier- bzw. fruchtblasenerzeugende, die sich auf dem festen Land vermehren (Amnioten), und andere, die sich überwiegend aquatisch fortpflanzen, nämlich Amphibien und Fische (Anamnioten). Amnioten verbringen ihre ersten Lebenstage schwimmend in einer Flüssigkeit und geschützt durch die innere Eihaut (Amnion) bzw. Fruchtblase (Chorion). Den Eiern von Amphibien fehlt diese schützende Hülle, die sie vor Austrocknung bewahren würde. Sie sind auf Gewässer angewiesen. Zur Not genügen ihnen Pfützen oder die Blätter von Pflanzen, die das Regenwasser auffangen.

Mit dem Amnion-Ei setzt endlich unsere Geschichte ein, die Geschichte des Menschen. Die lange Reise durch die Evolution kann beginnen. Warmzeiten und Eiszeiten, Überflutungen und

Trockenperioden folgen – durch das Zeitfernrohr betrachtet – dicht aufeinander. Der Meeresspiegel steigt nach jeder Eiszeit gefährlich an, während die Pole für Jahrtausende eisfrei bleiben. Vor rund 170 Millionen Jahren, mitten im Erdmittelalter (Mesozoikum), bricht Pangäa, der Urkontinent, auseinander in eine nördliche Kontinentalplatte, Laurasia, und eine südliche, Gondwana. Beide Landmassen sind durch riesige Ozeane getrennt; die Luft ist feucht und sauerstoffreich. Nach der von Alfred Wegener entwickelten Theorie der Kontinentaldrift umfasste der südliche Urkontinent Gondwana das heutige Südamerika, Afrika, den Fernen Osten, Madagaskar, Indien, Australien, Neuguinea bis zur Antarktis. Große Teile dieser Landmasse lagen unter Wasser, andere glichen nach Ansicht der Paläontologen mondähnlichen Steinwüsten. Schließlich zerbricht auch Gondwana. Afrika und Südamerika, Australien, Indien und Antarktika lösen sich voneinander und schwimmen davon. Einige Millionen Jahre lang driften die Kontinente wie Puzzleteile auf den Ozeanen, bis sie vor etwa 100 Millionen Jahren ihre heutige Position einnehmen.

Das Zerbrechen Gondwanas war mit der Freisetzung gewaltiger Kräfte aus dem Innern der Erde verbunden. Für die damals lebenden Tiere bedeutete sie das Auseinanderreißen ihrer Populationen in zwei sogenannte Evolutionszentren, das eine nun in Afrika, das andere in Südamerika gelegen und getrennt durch den Atlantik. Die Vorfahren der heutigen (rezenten) europäischen Krötenarten hätten also erstaunliche Migrationsgeschichten zu erzählen gehabt. Unsere europäische Erdkröte (*Bufo bufo*) ist nach Ansicht der Paläozoologen ursprünglich afrikanischer Herkunft. Unter ihren heute lebenden afrikanischen Verwandten ist die Pantherkröte (*Bufo regularis*), eine Superspezies mit zahlreichen regionalen Unterarten, am bekanntesten. Die Nachfahren der Afrikaner bildeten wieder neue Gattungen; neben *Bufo regularis* zählen dazu die Kapkröten und einige Baumkrötenarten (Nectophryne). Eine zweite Auswanderungswelle von Süd- nach Nordamerika begründete die nordamerikanischen Gattungen *Bufo boreas* und *Bufo americanus,* deren Nachkommen schließlich über eine nördliche Landroute Europa erreichten und besiedelten, mit Ausnahme der subpolaren und polaren Gebiete. Zu ihnen gehören nach der herkömmlichen Taxonomie Kreuzkröte und Wechselkröte aus der nordamerikanischen *Bufo-viridis*-Gruppe.

Während sämtliche Vorfahren der heutigen Menschen ausgestorben und auch die Ur-Reptilien, die zur Stammlinie der Säugetiere führten, nicht mehr nachweisbar sind, leben die Vorfahren der Froschlurche, Archaeobatrachien genannt, noch heute. Zu diesen ›niederen‹ Froschlurchen – und damit zu den ältesten Bewohnern der Erde – gehören die neuseeländischen Urfrösche, die nordamerikanischen Schwanzfrösche, Unken (Bombinatoridae) und Scheibenzüngler. Sogar das große Artensterben im Paläogen (früher Tertiär genannt) vor 66 Millionen Jahren, bei dem die Sauropoden von der Erde verschwanden, haben sie überstanden. Dabei entwickeln sich immer wieder neue Arten, die mit Superlativen prunken: In den dichten Wäldern in Papua-Neuguinea wurde 2009 das mit knapp 8 Millimetern kleinste Wirbeltier der Erde aufgespürt, *Paedophryne amauensis* aus der Familie der Engmaulfrösche. Die Jungen verzichten komplett auf das Larvenstadium und schlüpfen schon fertig aus ihren Eiern. *Telmatobius ventriflavum,* ein

Stummelfußfrösche (Atelopus), *auch Harlekinfrösche genannt, sind bunte – entgegen ihrem Namen – kleine Kröten, die tief verborgen in den tropischen Wäldern Lateinamerikas leben.*

grellgelber Wasserfrosch, wurde 2012 in Peru entdeckt. Auf Borneo, in Indien, China und Vietnam wurden mehrere unbekannte Arten von Flugfröschen gefunden. *Rhacophorus helenae* aus der Gattung der Ruderfrösche oder *Frankixalus jerdonii*, der indische Baumfrosch, der sich in den Kronen der höchsten Bäume Höhlen baut, besitzen Schwimmhäute an Fingern und Zehen, die sie wie Gleitschirme aufspannen, um damit von Baum zu Baum zu springen. Der Mashpi-Bachfrosch wurde erst 2016 als neue Art beschrieben. Er lebt im Bergnebelwald in den westlichen Anden; allein in dem von ihm bewohnten Schutzgebiet leben über hundert Arten Amphibien und Reptilien, darunter viele Baumfroscharten. Ganz in der Nähe, auf

Von Reisenden angefertigte Abbildungen von Bufo marinus, *der südamerikanischen Riesenkröte, nährten in Europa den Mythos von der Monsterkröte.*

den Galapagosinseln, die politisch zu Ecuador gehören, hatte Charles Darwin 1835 Leguane beobachtet, die zum Initialtier seiner Evolutionstheorie wurden. Rund zwölftausend Meilen weiter östlich fanden Forscher in den Sechzigerjahren des 20. Jahrhunderts auf Neuseeland eine sehr kleine, sehr seltene Froschart, den mittlerweile stark gefährdeten Urfrosch (Gattung Leiopelma), der sich an steinigen Bergrücken unter Geröll verbirgt, weit entfernt vom Wasser. Er legt nur wenige Eier, aus denen innerhalb von sechs Wochen fertige kleine Frösche schlüpfen. Ihr Kaulquappenstadium verbringen diese Tiere also wie Amnioten innerhalb der Eihülle. Eine in Afrika entdeckte Art (*Nectophrynoides occidentalis*) unterscheidet sich von allen anderen bekannten Arten durch innere Befruchtung und neunmonatige Schwangerschaft. Auch die Metamorphose findet im Körperinnern der Mutter statt. Die Geburt selbst ist bemerkenswert. Die Jungen werden vollständig umgewandelt geboren, indem das Muttertier tief Luft holt und die jungen Kröten mit Unterstützung des Drucks der geblähten Lunge eine nach der andern herauspresst.

Neben der erwähnten Art auf Papua-Neuguinea leben die kleinsten Froschlurche auf Madagaskar, Kuba und in Brasilien. Die größten sind die ursprünglich in Südamerika beheimatete Agakröte (*Rhinella marina* oder auch *Bufo marinus* genannt) mit bis zu 35 Zentimetern Körperlänge, der westafrikanische Goliathfrosch, die kolumbianische Riesenkröte (*Bufo blombergi*), der amerikanische Ochsenfrosch *Rana catesbeiana* und sein afrikanischer Verwandter (*Pyxicephalus adspersus*), der bis zu 1,4 Kilo wiegen kann. Alle Batrachiden sind Süßwasserbewohner, nur wenige Arten besitzen eine gewisse

Salztoleranz. Einem evolutionären Sonderweg verdanken die Krötenfische (Batrachoidiformes) ihr Dasein, eine aquatile Tierfamilie zwischen Frosch, Kröte und Barsch, deren behäbige Gestalt und Verhaltensweisen sehr den Kröten ähneln. Sie wohnen am Boden flacher Salzmeere und in Korallenriffen; ihre Larven können, untypisch für Fische, auch gut einige Zeit an Land überleben.

Echte Kröten erkennen Herpetologen am anatomischen Bau des Schultergürtels, dem sogenannten Schiebebrusttypus. Ferner besitzen viele Arten keine Schallblasen und keine Kieferzähne, dafür gut sichtbare Drüsenwülste hinter den Augen (Parotide). Echte Frösche haben dagegen bezahnte Kiefer (doch bilden auch hier oft die Ausnahmen die Regel) und seitliche oder kehlständige Schallblasen, aber keine Parotiden. Auf der Grundlage genetischer Sequenzierung werden sie auch als ›höhere‹ Frösche bzw. Neobatrachien bezeichnet, gehören also zu den jüngsten Froschlurchen – ebenso wie die Familien der Hylidae (Laubfrösche) und der giftigen Baumsteigerfrösche (Dendrobatidae). Von den echten Fröschen (Ranidae) werden wiederum die Familien der Laubfrösche unterschieden (Hylidae), von den Echten Kröten (Bufonidae) die Unken (Bombinatoriae) und Krötenfrösche (Pelobatidae).

Froschlurche sind die ältesten Land-Wirbeltiere der Erde. Sie erinnern uns an unseren Ursprung; daran, dass auch unsere Vorfahren einst aus dem Urozean ans Ufer der ersten Erde gekrochen sind. Die unglaubliche Mannigfaltigkeit ihrer Arten und Lebensweisen – von der warzigen Erdkröte bis zum leuchtendbunten Laubfrosch – ist der augenscheinliche Beweis dafür, dass in ihrem Genom das älteste Archiv des organischen

Lebens bewahrt ist. Seit ungefähr 22 000 Jahren genießen wir nun schon die Vorteile einer relativ stabilen Warmzeit. Eigentlich ideale Bedingungen, vor allem für die wärmeliebenden Amphibien. Trotzdem wird auf der Liste des Washingtoner Artenschutzabkommens CITES (Convention of International Trade in Endangered Species of Wild Fauna and Flora) beinahe ein Drittel aller Tier- und Pflanzenarten als gefährdet bezeichnet. Biologen sprechen bereits von *the sixth extinction,* der sechsten Welle des biologischen Massensterbens. Stellt man sich die Erde mit ihren Pflanzen und Tieren wie eine gigantische Bibliothek vor, zusammengetragen aus Milliarden lebendigen Kombinationen aus nur vier Buchstaben: A, T, G, C, den chemischen Trägern der Erbinformation, dann müssen wir heute Lebenden uns vorkommen wie Analphabeten. Denn mit jeder verschwundenen Art ist das Buch der Welt unlesbarer geworden. Schuld ist der Mensch, diese »zweifelhafte Mischung aus Nukleinsäuren und Erinnerungen, aus Begierden und Proteinen« (François Jacob), aus denselben genetischen Buchstaben zusammengesetzt wie Kröten und Frösche und doch ihr gefährlichster Feind.

Krötenwetter

Endlich ist der Frühling da. 25. März, Karfreitag. Nach zwei Wochen mit eisigem Nordwind und Nachtfrösten steigen die Temperaturen. Am südöstlichen Stadtrand von Berlin bin ich um neun Uhr morgens mit Otto Bardella verabredet. Ein schlanker Mann mit gestutztem weißem Vollbart steigt sportlich vom Fahrrad. Ein kurzer Händedruck, wir gehen los. Es nieselt in feinen Schwaden, die Luft ist weich, gesättigt von Milliarden Wassertröpfchen. Zwei, drei Meter weiter fängt der Krötenzaun an. Knapp kniehohe grüne Folie zieht sich über 800 Meter an der Landstraße durch den Wald. Die Vögel zwitschern, von den kahlen Ästen tropft geronnene Luft, alle 20 Meter sind Plastikeimer in den Waldboden eingelassen, darin stehen kurze Äste.

Das machen wir so, damit andere Tiere, die aus Versehen reinfallen, sich allein wieder befreien können, Mäuse zum Beispiel, sagt Otto Bardella, der dienstälteste Krötenretter im Verein Naturschutzaktiv Schöneiche bei Berlin. Zweimal am Tag werden die Tiere aus den Eimern evakuiert, morgens und abends nach Einbruch der Dämmerung.

Der erste Eimer ist leer, sehr leer. Nicht einmal welke Blätter auf dem Boden.

Wir legen Blätter hinein, erklärt Herr Bardella, und rafft mit beiden Händen modriges Laub vom Waldboden, damit sich die Tiere darunter verstecken können, bis wir sie holen und auf die andere Straßenseite tragen.

Autos fahren vorbei, fast lautlos, es sind wenige wegen des Feiertags.

Auch der zweite Eimer ist leer. Herr Bardella bückt sich wieder, wirft Laub hinein, summt ein Liedchen, läuft mit großen Schritten weiter. Sie sind zehn Leute im Naturschutzaktiv; streng nach Dienstplan gehen sie täglich zweimal die Strecke ab. Auf einem Formular werden männliche und weibliche Tiere und Paare eingetragen.

Die Männchen haben an den beiden mittleren Vorderzehen schwarze Schwielen, mit denen sie sich am Rücken des Weibchens festhalten, erklärt er. Daran lassen sie sich leicht unterscheiden, abgesehen davon, dass die Männchen kleiner und zierlicher sind als die Weibchen.

Otto Bardella ist seit über dreißig Jahren dabei, damals noch unter dem Dach des DDR-Kulturbunds. Seitdem führt er eine Statistik. Im Jahr der deutschen Wiedervereinigung sank die Anzahl der Tiere drastisch; diese Tendenz setzte sich bis 1997 fort, als nur noch 67 Tiere am Zaun eintrafen. Schwer zu sagen, ob es an der sprunghaften Zunahme des Autoverkehrs in den östlichen Bezirken lag, die sich durch Erderschütterungen und Luftverschlechterung direkt auf die naturnahe Umwelt auswirkte, an klimatischen Veränderungen oder natürlichen Schwankungen im Fortpflanzungszyklus. 2003 waren es jedenfalls schon wieder 486. 2015 erreichte die Zahl mit 701 Tieren fast wieder DDR-Niveau.

Auch Eimer Nr. 3 ist leer, ebenso der nächste und übernächste, und auch die übrigen bis zum Ende der Strecke.

Jetzt ist Otto Bardella wirklich irritiert.

Da muss jemand, der nicht zum Team gehört, vor uns hier

gewesen sein, sagt er, anders kann ich mir das nicht erklären. Die Kröten haben hier keine natürlichen Fressfeinde. Sie scheinen nicht besonders schmackhaft zu sein. Wenn ein Wildschwein einmal aus Versehen eine verschluckt, speit es sie sofort wieder aus.

Am Ende des Krötenzauns überqueren wir die Straße und gehen weiter auf dem Waldweg Richtung Fredersdorfer Mühlenfließ, das 800 Meter weiter in den Großen Müggelsee mündet.

Die ersten Tiere, erzählt er, haben wir vor einer Woche gefunden, am 18. März, obwohl es nachts noch sehr kalt war. In den letzten Tagen waren es dann schon bis zu vierzig.

Er will mir die Wasserstelle zeigen, an der die Laichschnüre ausgelegt werden, aus denen dann zwei, drei Wochen später die Kaulquappen schlüpfen. Umgestürzte Baumstämme liegen kreuz und quer im hellbraun glänzenden Laub; manche halb verfault, von Moos bewachsen, andere wie frisch gefällt.

Wir haben hier vor allem die Erdkröten, *Bufo bufo,* seltener Knoblauchunke, Moorfrosch, Kreuzkröte. Kröten können zwei bis drei Kilometer wandern, wobei die Weibchen, die schon einen Mitreisenden haben, ihre Männchen den ganzen Weg auf ihren Rücken tragen. Solche Hindernisse, er weist auf die Baumstämme, müssen sie überwinden, mitsamt ihrer Last. Alle andern sind längst aus unserem Wald verschwunden. Laubfrosch, Kreuzotter, Glattnatter, Smaragdeidechse, Sumpfschildkröte und Grasfrosch, alle weg.

Dann stehen wir an einem Graben mit steiler Böschung, der sich in nordwestlicher Richtung im Wald verliert: das Mühlenfließ. Vor hundert Jahren war hier noch ein munterer Bach, der die Rahnsdorfer Mühle antrieb. Im Frühling ließen sich seltene gefiederte Einwanderer wie die Bachstelze nieder. Das Stauwehr, an dem das Wasser zurückgehalten oder nach Bedarf in den Rahnsdorfer Stausee geleitet wurde, steht als nostalgisches Betonkleinbauwerk mitten im Eichen-Ulmen-Wald. Im Hintergrund sind schon die ersten Häuser der Siedlung zu sehen.

Nichts fließt hier mehr. Der Stausee erweist sich als flache trockene Mulde von der Größe eines Fußballfelds, in der noch die dunklen Sedimente erkennbar sind, die das Bachwasser beim Einströmen in den See in Form einer länglichen Insel hinterlassen hat.

Wir steigen die Böschung zum Grund des trockenen Sees hinab. Die Naturschützer haben durch Einbringen von Versickerungsschutzmatten dafür gesorgt, dass im südlichen Teil auf der tiefsten Sohle ein Wasserspiegel erhalten blieb.

Seit an der Stadtbahnstrecke Richtung Erkner, erklärt mir Herr Bardella, die neue Pumpengalerie mit 14 Pumpen für die Berliner Trinkwasserversorgung in Betrieb genommen wurde, wird das Grundwasser im weiten Umkreis abgesaugt. Wenn dann, wie in den letzten Jahren, Trockenperioden einsetzen, in denen es von April bis Juli so gut wie keinen Regen gibt, trocknen die Gewässer aus. Schlecht für die hier lebenden Amphibien.

In Deutschland sind gerade mal noch 14 Froschlurcharten zuhause; fast alle hatten wir früher hier, im Quellgebiet der Spree, wo es eigentlich genug Wasser gibt. Was es immer weniger gibt, sind stehende Gewässer, kleine Waldteiche und morastige Wiesen, sogenannte Temporärgewässer, die den Amphibien in der Laichzeit optimale Bedingungen bieten.

Ein Graureiher, von unseren Stimmen aufgeschreckt, fliegt

über uns hinweg. Otto Bardella beugt sich über das brackige, lehmigbraune Wasser. Keine Kröten, keine Laichschnüre.

Es ist also noch kein einziges Tier angekommen, stellt er fest. Aus seiner Stimme höre ich etwas wie Trauer.

Wenn die ersten vor einer Woche losgegangen sind, sagt er, werden sie irgendwo auf dem Weg sein und frühestens in drei, vier Tagen die Strecke von 600 Metern geschafft haben.

Der Graureiher dreht ab, sichtlich enttäuscht über das Ausbleiben seiner Leib-und-Magen-Speise.

Eine Woche später stehen wir wieder morgens an der Landstraße. Otto Bardella hat am Vorabend eine Kröte in ihrem Eimer zurückgelassen, um sie mir zeigen zu können. Reglos sitzt sie auf ihrem braunen Blätterpolster. Vorsichtig nimmt er sie mit Daumen und Zeigefinger auf und setzt sie auf seine rechte Handfläche; die linke hält er schützend darüber.

Es ist ein Weibchen, erklärt er, es hat den Bauch voll Laich. Breit und platt hockt sie da und wirkt erschöpft. Die Nacht war kalt. Nach ein paar Minuten beginnt sie sich zu bewegen, macht einen winzigen Schritt nach vorn, stemmt sich auf ihre Arme und streckt den Kopf.

Kröten haben es gern warm, sagt der Krötenretter, meine Körperwärme bringt ihren Stoffwechsel in Schwung.

Ich wage nicht, das Tier in die Hand zu nehmen, und streife zögernd mit der Fingerkuppe über die erdigbraune Haut. Sie fühlt sich glatt und weich an, verschieblich und zart wie bei einem frisch geschlüpften Küken.

Für den Weg über die Straße braucht so ein Tier mindestens fünf Minuten, erzählt Otto Bardella. Wenn es nicht überfahren wird, nimmt es die Schadstoffe der Autos über die Haut auf.

Kröten sind Individualisten, berichtet er weiter, während er mit großen Schritten die Straße überquert, um das Tier auf der andern Seite abzusetzen. Jede lebt für sich und geht ihre eigenen Wege. Zur Laichzeit treffen sie dann zum großen Geburtsmarathon am Krötenzaun zusammen.

Wie sie in einem stadtnahen Waldgebiet von mehreren Hektar, das von stark befahrenen Bahnlinien und Landstraßen durchschnitten ist, den Weg zum Heimattümpel finden, kann mir Herr Bardella nicht erklären. Für die Krötenschützer zählt nur, dass so viele wie möglich den Wettlauf ums Leben gewinnen.

Sind denn das für Sie Tiere, frage ich, zu denen man eine richtige Beziehung haben kann?

Sie meinen, wie zu Katzen, Hunden oder Eichhörnchen? Na ja, manche sagen, Kröten sind hässlich, und schaffen es nicht, sie anzufassen wegen ihrer schleimigen Haut. Aber sehen Sie mal in ihre Augen, sie haben wunderschöne Augen, bernsteingolden, sehr ausdrucksvoll mit diesen tiefschwarzen, strichförmigen Pupillen.

Waren die Bauarbeiten an der Bahntrasse vielleicht der Grund, warum ich beim ersten Mal kein einziges Tier zu sehen bekam? In der Nacht zuvor waren die dumpfen Schläge von Presslufthämmern und schwerem Gerät zu hören, mit dem die Fundamente für neue Signalmaste in den Boden gerammt werden. Der Ausbau der Strecke für ICE-Züge, die sich mit 300 Stundenkilometern durch die Vorortsiedlungen fräsen, erfordert die Verfestigung des sandigen Bodens mit viel Beton und Stahl. Ich erinnere mich, irgendwo gelesen zu haben, dass Ende März 2009, zehn Tage vor dem Erdbeben in den italienischen Abruzzen, bei dem die Stadt L'Aquila und viele umliegende Dörfer zerstört und fast dreihundert Menschen getötet wurden, sämtliche Kröten am Lago di San Ruffino verschwunden waren, obwohl Laichzeit war und das Epizentrum über 70 Kilometer entfernt. Dasselbe Phänomen war im Jahr zuvor in Südwestchina beobachtet worden, als Hunderttausende Erdkröten in der Nähe der Stadt Mianyang ihre Erdhöhlen verließen, bevor ein heftiges Erdbeben die Region erschütterte. 1941 erlebte die US-amerikanische Kleinstadt Grand Forks eine beispiellose Kröteninvasion, nachdem am 15. März ein Blizzard ohne Vorwarnung Norddakota verwüstet hatte. Am stärksten betroffen war die Region Grand Forks und Fargo. Millionen Tiere strömten von Süden her über Autobahnen und Straßen, drangen in Kanalisationen und Keller ein. Froschlurche sind hochsensible Öko-Seismografen. Verändert sich ihr heimatliches Biotop, erwandern sie sich neue Habitate, die unter Umständen mit neuen Gefahren verbunden sind. Die alte Herrscherin der Teiche, Tümpel und Sümpfe wird aus ihren Reichen vertrieben. Eine Gruppe Biologiestudenten staunte nicht schlecht, als sie im Stadtpark des zweiten Wiener Gemeindebezirks mehr als hundert Wechselkröten, *Bufo viridis,* antrafen. Die Tiere hatten sich zwischen Hochhäusern und dem stillgelegten Bahnhofsgelände angesiedelt. Pünktlich zur Laichzeit von April bis Mai trafen sie in einem gemauerten Wasserbecken des Parks ein, wo bald darauf die schwarzen Perlenschnüre ihrer Eigelege im seichten Wasser trieben. Sekundärbiotope in anthropogenen Lebensräumen wie Industriebrachen, Bahntrassen, Staudämmen oder aufgelassenem Bergbaugelände sind mittlerweile in allen europäischen Regionen entstanden. Auch im alten Hafengelände der Donaustadt Linz siedelten sich in den Neunzigerjahren Wechselkröten an. Im Stadtgebiet von Dortmund leben mittlerweile mehrere Gruppen von Kreuzkröten. In Berlin sind zwischen den Gleisanlagen der Stadtbahn neuerdings Knoblauchkröten gesichtet worden. Es ist paradox, aber gerade diese intelligenten Strategien der Anpassung an extreme Umweltbedingungen machen die Tiere besonders empfindlich für ökologische Veränderungen. Die Ionisation der Atmosphäre, also die elektrische Leitfähigkeit der Luft, Schwankungen im Wellenlängenbereich von UVA-/UVB-Strahlen oder erhöhte Stickstoffwerte in der Atmosphäre wirken sich auf ihr Wohlbefinden aus. Das weltweite Abholzen von Wäldern lässt den Boden austrocknen und nimmt ihnen ihre Rückzugsorte in Trockenzeiten. Der Grundwasserspiegel in den USA, Algerien, Pakistan, Äthiopien, Brasilien, Mexiko, Südafrika wird infolge der Ausbeutung unterirdischer Wasserareale durch global agierende Mineralwasserkonzerne langfristig abgesenkt, mit dramatischen Folgen für das Leben der Amphibien. Der Kreislauf von Wasser, Luft und Erde kollabiert. Amphibien sind lebendige osmotische Systeme. Seit dreihundert Millionen Jahren sind sie die chronobiologischen Uhren der Erde. Zirbeldrüse und Hypophyse sagen ihnen, wann es Zeit ist zu schlafen, zu jagen oder für die Familienplanung. Nur für die erdgeschichtlich jüngste Gefahr haben sie kein Warnsystem: für den Menschen, das räuberischste Tier, das je die Erde bevölkert hat, und die einzige Art, die mehr natürliche Ressourcen verbraucht, als sie zum Überleben benötigt. Wo sie sich ausbreitet, stirbt zuerst der Boden, dann das Wasser. Dann verdursten die Pflanzen, dann sterben die Insekten. Wo es keine Insekten

Frosch oder Kröte? Krallenfrösche besitzen, wie die Wabenkröten, weder Zunge noch Zähne.

mehr gibt, müssen Amphibien verhungern. Und wo es keine Amphibien mehr gibt, stirbt das Leben. Von den rund 7000 Amphibienarten, die derzeit auf der Erde leben, sind in Mittel- und Nordeuropa nur noch neun Frosch- und sieben Krötenarten heimisch. Spanien und Frankreich haben zusammen noch etwa vierzig Arten aufzuweisen. In Indien, Bangladesch, Indonesien, Malaysia, auf der pazifischen Insel Dominica, in China und Südostasien sind viele Froscharten der Gattungen *Limnonectes, Rana, Leptodactylus, Euphlyctis* und *Hoplobatrachus* schon ausgestorben. Die Opferzahlen steigen Jahr für Jahr, beinahe unbemerkt von der Öffentlichkeit. Jüngstes Opfer: *Telmatobius culeus,* der peruanische Riesenfrosch, der im Herbst 2016 zu Tausenden aus dem vergifteten Wasser des peruanisch-bolivianischen Titicacasees gefischt wurde. Der afrikanische Krallenfrosch (*Xenopus laevis*) gilt seit den Siebzigerjahren als Modellorganismus für Feldforschungen, bei denen der Einfluss chemischer Substanzen in den Abwässern (endokrine Disruptoren) auf die Reproduktionsbiologie des Lurches untersucht wird. Er wird auch Apothekerfrosch genannt, weil er im 20. Jahrhundert millionenfach auf der ganzen Welt als Labormaterial für Schwangerschaftstests benutzt wurde, bis Südafrika den Export der Tiere verbot. Der sogenannte Aschheim-Zondek-Test wurde 1928 zunächst an Mäusen praktiziert, die dazu aber getötet werden mussten und zu lange Wachstumszeiten aufwiesen. Den lebenden Fröschen wurde der Urin der zu testenden Frau injiziert. Zeigte sich bei dem Tier nach zwölf bis 24 Stunden Sperma oder es kam zur Eiabgabe, galt dies als positiver Beweis einer Schwangerschaft. Diese Tortur wurde so lange wiederholt, bis die Tiere aus Erschöpfung verendeten. Die weltweite Online-Datenbank *amphibiaweb.org* listet Anfang 2018 etwa vierzig Familien mit 7799 Arten von Amphibien auf, darunter 6992 Kröten- und Froscharten. Im Vergleich dazu sind die Säugetiere mit knapp 5500 Spezies in der Minderheit. Mehr Arten hat nur das Insektenreich. Aber auch hier haben die Naturgesetze einen Schutzmechanismus vorgesehen: Die Arten mit der höchsten Fortpflanzungsrate haben auch die günstigsten Chancen zu überleben.

Paartanz der Alytes

Froschlurche, diese kleinen, kompakten Wunderwerke der Evolution, sind auch die Weltmeister im nachhaltigen Sex. Grasfrösche tun es im Februar, Erdkröten im März, Geburtshelferkröten im April, Wasserfrösche und Unken im Mai. Wandertrieb und Geschlechtstrieb erwachen gleichzeitig, gesteuert über Melanin und Schilddrüsenhormone, die, abhängig von Lichtintensität, Luftfeuchtigkeit und -temperatur, freigesetzt werden. Das Melanin bewirkt sowohl die bräunliche Farbe der Lurcheier durch Einlagerung in die Eirinde als auch später die individuelle Färbung der Haut. Die Umwandlung der Larven wird durch die Ausschüttung der Hormone Prolaktin und Thyroxin initiiert.

Individuell wie Farbe und Fleckung ist auch das Verhalten zur Paarungszeit. Manche Männchen halten wochenlang am Laichgewässer Wache, andere verschwinden nach getaner Arbeit. Die Umarmung der Weibchen kann mehrere Tage andauern, wie bei den Erdkröten, oder nur wenige Minuten. So hat jede Kolonie ihre eigenen Gewohnheiten. Einige Froschlurche legen bis zu 40 000 Eier, das zieht sich oft über Monate hin. Setzt das Frühjahr erst spät ein, kann es passieren, dass Kreuzkröte, Wechselkröte und Erdkröte zur selben Zeit auf Brautschau gehen. Die geschlüpften Männchen sind nach einem Jahr geschlechtsreif, wenn sie ungefähr sechs Zentimeter groß sind, die Weibchen erst nach zwei bis drei Jahren. Wenn aus

Väterliche Hebammenkunst sorgt bei den Geburtshelferkröten für erfolgreiche Brutpflege.

Versehen ein Wechselkrötenmännchen ein Erdkrötenweibchen begattet, sind deren Nachkommen lebensfähig, nicht aber umgekehrt, wie Experimente bewiesen haben.

Bei den Mitgliedern der Gattung *Alytes* (Geburtshelferkröten) ist es das Vatertier, das die überwiegende Last der Familienplanung trägt. Die männlichen Tiere sind die sangesfreudigsten, obwohl sie keine Schallblasen besitzen. Hat sich ein Paar in einer lauen Frühlingsnacht erhört, ist es das Weibchen, das den ersten Schritt zur Annäherung macht. Sie stupst mit dem Kopf an den Kopf ihres Auserwählten. Dann springt die männliche Kröte so auf das Muttertier, dass seine Beine zwischen den ihren zu liegen kommen. Mit den Füßen massiert er zärtlich ihre Kloake, bis nach ungefähr einer halben Stunde der Eiaustritt beginnt. Sobald dies getan ist – es dauert nicht länger als ein, zwei Sekunden – richtet er sich mit gestrecktem Rücken auf, indem er die Hände auf die Schultern des Weibchens stemmt oder ihren Kopf umfasst, und besamt die weißglänzenden Eikügelchen. Nachdem das Paar etwa eine Viertelstunde ausruhend in dieser Stellung verharrt hat, beginnt der Krötenmann mit dem anstrengendsten Teil der Prozedur. Ein Bein knickt ein, der Fuß bohrt sich in das hinter ihm liegende Eigelege und wird mit abgespreiztem Unterschenkel und gebeugtem Kniegelenk angehoben, sodass die durch gallertartige Fäden miteinander verbundenen Eier wie Fußkettchen auf das Fersengelenk rutschen.

Dies wiederholt er nun abwechselnd mit dem linken und dem rechten Bein und schließlich mit beiden Beinen zugleich. Danach rutscht er von seiner Partnerin herunter und entfernt sich. Bis zu anderthalb Monate verbringt der ›Fessler‹, wie diese Kröte auch genannt wird, mit seiner kostbaren Last in seiner heimatlichen Erdhöhle, die er nur zu kurzen Jagdzügen verlässt. Doch eines schönen Abends, man weiß nicht warum gerade an diesem, macht er sich auf den Weg zum Laichgewässer, hängt seine Kinderstube ins Wasser, und heraus gleiten zwanzig, dreißig muntere Kaulquappen. Wachsam beobachtet der Vater das Schlüpfen der Larven. Sogleich danach beginnt das Tier, nach einer neuen Partnerin zu rufen. Manche Männchen paaren sich nacheinander mit mehreren Weibchen und tragen dann eben auch die mehrfache Familienlast. Auch die weiblichen Tiere pflegen ihr Gelege, das jeweils zwischen 18 und 80 Eier enthält, auf mehrere Männchen zu verteilen.

Nach ungefähr einer Woche beginnt das Herz der Kleinen zu schlagen, die Kiemen sind herausgewachsen. Die weißen, noch fast durchsichtigen, geschwänzten Nymphen verfärben sich allmählich ins Bräunliche, entwickeln winzige Augen und Münder und sind nach drei Monaten fertig umgewandelt.

Bei den Wabenkröten (*Pipa*) und einigen Krallenfroscharten ist das Merkwürdigste die Paarung selbst, ein umständliches und zeitraubendes Zeremoniell, bei dem Mutter- und Vatertier zunächst einige Zeit auf dem Rücken auf der Wasseroberfläche treiben und ihre Kloaken gegeneinander stoßen. *Pipa* gehört zur Familie der Zungenlosen (Pipidae) innerhalb der Unterordnung Mesobatrachia; sie ist ein guter Schwimmer und Taucher; die Schwimmhäute an den Hinterbeinen sind besonders stark entwickelt. Nach einer Seitwärtsdrehung klettert das Männchen auf den Rücken des Weibchens und umklammert dessen Lenden. Eng umschlungen sinken sie zusammen auf den Gewässergrund, wo sie stundenlang regungslos verharren. Wiederum durch eine seitliche Drehung stößt sich das achtfüßige Doppelwesen vom Boden ab und wird vom Wasser an die Oberfläche gehoben, wo es durch eine weitere Drehung mit dem Bauch nach oben im Wasser schwebt. Dabei werden drei bis zehn Eier ausgestoßen, die auf dem Bauch des Vatertiers landen. Noch eine halbe Drehung, und das Paar sinkt huckepack wieder hinab in seine Ausgangsposition. Nun ist es der akrobatischen Kunst des Männchens überlassen, die kostbare Brut von seinem Bauch geschickt auf den wie kleine Kissen gefalteten Rücken der Auserwählten rutschen zu lassen und zugleich seinen Samen darüber zu legen, sodass sie mit der mütterlichen Unterlage fest verkleben. Dieser Tanz wiederholt sich fünfzehnmal oder mehr. Nach zwei bis drei Monaten ist in den winzigen Eiperlen auf dem Mutterrücken Bewegung zu

Kindererziehung ist bei den Teichfröschen Familiensache.

erkennen; hier und da ragt ein Füßchen, eine Hand oder die Spitze eines Köpfchens hervor, bis alle als fertige Individuen der Geburtswabe entschlüpft sind.

Die afrikanische Schwestergattung der Pipa-Kröte, der Krallenfrosch (*Xenopus*), legt bis zu zehntausend Eier, aus denen schon nach 48 Stunden die Larven schlüpfen. Das hat einen Grund: Ein großer Teil der Kinderstube, nämlich alle missgestalteten, dienen den Eltern gleichzeitig als proteinreiche Nahrung. Auch der brasilianische Schüsselrückenlaubfrosch (*Fritziana goeldi*) trägt, wie die Wabenkröten, seinen Nachwuchs auf dem Rücken aus. Bei den Beutelfröschen (*Gastrotheca*) ist diese Einbuchtung zur Tasche ausgebildet, deren Rückenschlitz nur für die Befruchtung und die Entlassung der Kaulquappen ins wässrige Leben geöffnet wird. Bei derart exklusiver Kinderpflege ist die Zahl der Nachkommen natürlich begrenzt. Die aufopferndsten Lurcheltern sind die Riesenbeutelfrösche. Bis zu zwölf Froschkinder wachsen unter der Rückenhaut der Mutter heran und werden aus dem Rückenschlitz geboren, wobei die Mutter selbst mit dem Hinterfuß die Gebärtasche öffnet. Nun purzelt eines nach dem anderen heraus, bei einigen zeigt sich erst zaghaft ein Fuß, eine Hand; andere stürzen sich mutig kopfunter vom Rücken der Mutter. Jedes Jungtier hat eine andere Musterung und unterscheidet sich in Temperament und Wendigkeit von den Geschwistern. Die originellste Art der Fortpflanzung praktiziert der nur drei Zentimeter kleine Darwin-Nasenfrosch (*Rhinoderma darwinii*). Zehn Tage, nachdem das Muttertier etwa zwanzig Eier an Land gelegt hat, die vom Vatertier besamt wurden, nimmt Superdaddy sie mit der Zunge auf und befördert sie in seinen Schallsack, wo sie sich in Ruhe zu Jungfröschen ausbilden können, die zu gegebener Zeit mit einem beherzten Satz der väterlichen Bruthöhle durch dessen Mund entspringen.

Hochzeitsmusik

Der Mai ist gekommen, jeder Tag ein Fest der exzessiven Fruchtbarkeit, die Nächte illuminiert von den Sommersternbildern und musikalisch orchestriert vom Quaken der Frösche. Gesund und munter schwänzelt der Nachwuchs im Wasser; unter strenger Aufsicht eines Moorfroschs, der mit praller Schallblase das halboffene Maul zu einem breiten Grinsen verzieht. Wenn es nachts subtropisch warm ist und der Morgentau die Luft weich macht, fühlen sich die Tiere so wohl in ihrer Haut, dass es ihnen die Stimmbänder lockert. Jeden Abend lasse ich mich von ihrem fein geflochtenen Klangmuster wie in einer Hängematte in den Schlaf wiegen. Nur wer an der unsinnigen Vorstellung von einer seelenlosen Tiermaschine festhält, die stumpfsinnig ihrem biologischen Programm folgt, wird leugnen können, dass es in ihren Körpern nicht auch ein Sensorium für Glück gibt oder das, was Menschen dafür halten.

Bis weit in den Juli zieht sich der Wechselgesang der Frösche durch das Dorf. Nur die männlichen Tiere verfügen über – mehr oder weniger kräftige – Stimmen. Den dunklen Bass der älteren Moorfroschmännchen kann ich nun schon von dem hellen Ton der jüngeren unterscheiden. Einer fängt an, ein anderer antwortet, ein Dritter fällt ein und schon ist das ganze Völkchen in ein lebhaftes Quaken vertieft, solistisch begleitet von Nachtigall, Grille und Klapperstorch. Mit wohlig ausgestreckten Gliedern und weit offenen Augen treiben die Teichfrösche den ganzen Sommer über auf dem Wasser und lassen sich die Sonne auf den Rücken scheinen. Als wechselwarme Tiere und Einwanderer aus dem Süden lieben sie Wärme. Nähere ich mich aber nur zehn Schritte dem Graben, verstummen meine Frösche alle gleichzeitig. Stehe ich still, setzen sie ihr Gespräch nach einer Pause fort.

Alytes oder Glögglifrösche, wie sie im Alemannischen heißen, sind die Musiker unter den Kröten. Ihre kurzen, hellen Rufe ähneln den Tönen einer Glasharfe. Nur bei dieser Spezies sind auch die weiblichen Kehlen stimmhaft, wenn auch leiser und melodischer. Mit aufgerichtetem Oberkörper und festgestemmten Hinterbeinen saugen sie kräftig Luft durch die Nasenlöcher ein und drücken sie durch Anspannung der Muskeln durch den Kehlkopf in die Mundhöhle, wobei der Mund geschlossen ist, sodass die Luft durch die Stimmritzen entweicht wie bei einer Flöte. Genauso machen es die Unken, nur liegen sie dabei mit angezogenen Beinen als aufgepumpte Bälle auf dem Wasser, sodass mit jedem Atemstrom kleine konzentrische Wellen entstehen. Grasfrösche und Erdkröten besitzen keine äußeren Schallblasen, ihre Rufe sind darum auch nur ein paar Meter weit zu hören. Der lauteste Sänger ist das Männchen der Rotbauchunke (*Bombina bombina*). Sein gedehnter, dunkler Ruf klingt, als blase man in eine große Muschel. In seinen beiden inneren Schallblasen sammelt er die Atemluft aus der Mundhöhle und presst sie durch die Stimmritze des Kehlkopfs in die Lungen, während des Einatmens entsteht der Ton. Bei anderen Lurcharten streift die Luft beim Ausatmen aus den Lungen über Kehlkopf und Stimmbänder. Die so hervorgebrachten Töne werden vom Mundboden in die Schallbla-

Männliche Kreuzkröte beim Balzgesang, der sich eine interessierte Partnerin im Laufschritt nähert.

sen geleitet, die sich rechts und links unter dem Kopf, wie beim Wasserfrosch, oder kehlig in der Mitte wie bei Laubfrosch, Wechselkröte und Kreuzkröte befinden und wie Verstärker wirken. Die Rufe der Kreuzkröten sind knarrend, fast tonlos, während meine kleine grüne Wechselkröte flöten kann wie ein Rotkehlchen. Wechselkröten singen am ausdauerndsten in der Laichzeit, wenn sie auf dem Wasser treiben und sich mit anschwellendem Trillern anlocken. Je wärmer das Wasser, umso höher die Ruffrequenz. Ein ›Ruf‹ dauert bis zu acht Sekunden und enthält über hundert ›Impulse‹, also aufeinanderfolgende gleiche Töne.

Bernie Krause, ein amerikanischer Biologe und Bioakustiker, hat jahrelang in amerikanischen Nationalparks die Klangwelten komplexer Biotope auf Tonbändern dokumentiert. Sogar der Wind erschafft für jede Baumart, für jedes fließende Wasser, das er überstreicht, in jedem Strauch und auf jedem umgestürzten Stamm seine je eigene Biophonie. Die Regentropfen trommeln anders in jedem Wald, bei jeder Lufttemperatur, auf jedes Blatt und jede Blume. Vögel, Reptilien, Insekten und Amphibien haben jeweils ihre eigenen ›Sprachen‹. Das kann bei der Partnerinnenwerbung von Vorteil sein kann. Aber vor allem macht es dem einzelnen Tier seine Zugehörigkeit zu einem größeren sozialen Organismus erlebbar. »Durch das gemeinsame Handeln genießt jede einzelne Stimme in der Menge ein gewisses Maß an Anonymität und Schutz«. Amerikanische Schaufelfußkröten schützen sich beispielsweise durch ihren knarrenden Chorgesang vor Angreifern, um zu signalisieren: Achtung, wir sind viele! Solange der Chor gleichsam mit einer Stimme quakt, ist alles in Ordnung. »Wenn aber die pulsierende, rhythmische Struktur verlorengeht und die einzelnen Kröten versuchen, ihren Platz im Chor wiederzufinden, und damit identifizierbar werden, kann die Hölle ausbrechen. Raubvögel und Hundeartige [wie Dachse und Iltisse, B. L.] warten nur auf solche Augenblicke.«[7]

Mehr als 15 000 Klangportraits hat Bernie Krause im Laufe der Jahre gesammelt. Ökologische Lärmverschmutzung durch Düsenjäger oder Landmaschinen kann nach seiner Ansicht das biologische Gleichgewicht ebenso dramatisch stören wie der Einsatz chemischer Dünger und Pestizide. Dass die Sonare der US-Kriegsmarine für die Strandung ganzer Walpopulationen verantwortlich sind, die dadurch dem sicheren Tod entgegenschwimmen, ist lange bekannt. Diesen biophonischen Vielklang, diese ›akustische Textur‹ auch auf dem Land zu zerstören, kann besonders für Amphibien, Vögel und Insekten bedeuten, ihnen ihre akustische Heimat, ihr inneres Koordinationsinstrument und manchmal sogar ihr Leben zu nehmen.

In der Komödie *Die Frösche* hat Aristophanes dem Chor der Teichfrösche ein literarisches Denkmal gesetzt:

Lauter noch laßt es erschallen als je,
wenn wir an hellen Sommertagen
aufgehüpft aus Kress' und Kalmus
auf melod'schen Wellen schwammen,
sangesfrohe Musenjünger,
oder, uns vorm Regen duckend,
tief im Grund den Unkenreigen
orgelten, vergnüglich sprudelnd
Wasserblasenperlengequirl.[8]

Sie sind die Bewohner des Styx, des mythischen Grenzstroms zwischen den Lebenden und den Toten. Auf dem Weg in die Unterwelt, wo er den Helden Herakles besuchen will, umwimmeln sie Dionysos in seinem Kahn. Ihr penetrantes »Brekekekex, koax, koax!« verfolgt den Gott des fröhlichen Gesangs bis zur Pforte des Todes. Für die Küstenbewohner der Ägäis waren Frösche genauso allgegenwärtig wie im ganzen Mittelmeergebiet und im arabischen Raum zwischen Nil, Euphrat und Tigris. Im Alten Ägypten wurden sie als kultische Gottheit der Fruchtbarkeit und Begleiter ins Totenreich gefeiert, in der griechisch-römischen Antike als lärmende Sänger und Begleiter Diony-

Anthropomorphe Frösche à la mode mit Sonnenschirmen, nach einer Fabel von Lafontaine.

sos' in die Unterwelt (Aristophanes), aufgeblasene Wichtigtuer (Äsop) oder, ihrer Vielzahl wegen, als Metaphern für die Lächerlichkeit von Kriegen (*Batrachomyomachia,* ›Froschmäusekrieg‹) verspottet.

Les nymphes de la Grenouillère heißt wörtlich übersetzt ›Die Kaulquappen im Froschteich‹ und ist ein anonymes Musikstück, das der französische Musiker André Danican Philidor aus dem Jahr 1665 überliefert hat. Das Rokoko pflegte offenbar eine besondere Vorliebe für Frösche. Georg Philipp Telemann ließ in seiner *Alster Ouvertüre* Krähen und Frösche gemeinsam konzertieren. Den Teichfröschen, die er noch unter ihrem mundartlichen Namen ›Relinge‹ kannte, schrieb er sogar ein eigenes Violinkonzert in A-Dur, TWV 51/A4. Kraftvoll, mit düster steigender Spannung, setzen die Streicher ein und schwellen an zum kraftvollen Chorus. Eine einzelne lyrische Violinstimme löst sich aus dem Chorus und wird von diesem wieder aufgenommen. Allmählich senkt sich Nacht über Gesträuch und Teich. Langgezogene Töne wechseln mit dunklen, kurzen Akkorden. Eine klagende Stimme singt das Nachtlied der Erde, andere setzen ein; leise platschen die kleinen Füße mit gespannten Schwimmhäuten durch die schwarze Stille. Alles verstummt in derselben Sekunde, dann präludiert wieder einer, die andern Frösche setzen ein, und so geht es bis tief in die Nacht im Konzertsaal der Natur.

Ein wenig bekanntes Kuriosum der Musikgeschichte stellt das, fälschlich Goethe zugeschriebene, Gedicht »für eine Singstimme und vier Frösche« dar, das der Breslauer Musikdirektor Gottlob Benedict Bierey 1828 unter dem Titel *Dämagogisch* in Töne setzte – eine musikalische Satire auf den demagogisch geschürten Nationalismus der damaligen Deutschen. In der lyrischen Opernfantasie *L'enfant et les sortilèges* (›Das Kind und der Zauberspuk‹) von Maurice Ravel, nach einem Libretto der Schriftstellerin Colette, hat »der kleine alte Mann« und »Vater der Zeit«, der Baumfrosch, 1924 noch ein kurzes Gastspiel in der Musikwelt, bevor er von der Naturbühne verschwindet. Baumfrösche im engeren Sinne kommen in Europa nicht vor. Die einzige Art der Gattung *Hylidae* ist bei uns der Laubfrosch. Auch ›Relinge‹, ›Möhmlein‹ oder ›Wassereidechsen‹ werden wir vergeblich suchen. Im deutschen Wörterbuch von Jacob und Wilhelm Grimm sind sie noch als unangenehme, grellgelbe, schwarzgescheckte, krötenartige Tiere beschrieben. Unsere heutigen grünbraunen Teichfrösche sind viel unauffälliger gekleidet; ihr einziger Schmuck ist der gelbliche Rückenstreifen. Der biologische Frosch, wo es ihn noch gibt, ist aber nicht nur ein guter Sänger, sondern auch ein guter Zuhörer. Sein Hörorgan besteht wie bei uns aus Innenohr, Mittelohrhöhle und Trommelfell. Im Mittelohr befindet sich ein Knöchelchen (Columella), dessen Fuß ein in das Innenohr eingepasstes Deckelchen (Operculum) berührt. Der Schall wird über das Trommelfell in die Mittelohrröhre und von hier aus zum Innenohr geleitet. Das Trommelfell ist meist gut sichtbar als dunkler Fleck hinter den Augen. Schon die Kleinsten, die Kaulquappen, können hören, sobald sie eine Lunge haben. Der Schalldruck überträgt sich dabei über ein Knöchelchen in den Bronchien auf das Innenohr. Das ›Lungenhören‹ ist demnach die ursprünglichste Art des Hörens. Dieses Provisorium verschwindet aber wieder im Lauf ihrer Umwandlung, sobald sich die endgültige Columella gebildet hat. Einigen Froscharten fehlt allerdings das Mittelohr. Die kleine Gruppe der Seychellenfrösche, in mehrfacher Hinsicht mit absonderlichen Eigenarten ausgestattet, ›hört‹ durch die geöffnete Mundhöhle über eine hauchdünne Membran, die direkt mit dem Innenohr verbunden ist. Französische Forscher vermuteten in ihm einen Urfrosch, den direkten Nachkommen der Bewohner von Gondwana, bevor der Kontinent zerbrach und sie auf ihrem Archipel vor der afrikanischen Küste isolierte.

Im Wasser breitet sich Schall vier- bis fünfmal schneller aus als in der Luft. Um unter Wasser und in der Luft gleich gut hören zu können, haben amphibisch lebende Tiere besondere

Wildes Kröten- und Froschpurzeln vor dräuender Kulisse im Zyklus Die vier Erdteile *(»Asien«) von Jan van Kessel, 1664/65.*

Sensorien entwickelt. An Land können sie nicht nur Luftbewegungen, sondern auch Bodenschall wahrnehmen. Dieser sogenannte Substratschall wird als wellenförmige Erschütterung auf das Skelett übertragen. Auch einige Säugetiere und Insekten empfangen Substratschallwellen, zum Beispiel über ihre Fußsohlen. Dieser Vorzug ist ein Erbe aus dem Zeitalter der Fische. Im Unterschied zu Amphibien haben Fische keine Ohren; sie hören mit dem ›Labyrinth‹, einem im Schädelknochen befindlichen knöchernen System aus Kammern, die mit Flüssigkeit gefüllt sind, und den sogenannten Ohrsteinchen, die jede Veränderung des Außendrucks sofort an die Nervenzellen melden und zugleich als Gleichgewichtsorgan dienen. Auch Schwanzlurche wie Salamander und Molche hören, indem der Schall über den Schädelknochen (Squamosum) und den mit dem Operculum verbundenen Schultergürtel aufgenommen wird. Das Ohr, dieses Kunstwerk der sensorischen Feinmechanik, war offenbar schon beim ersten Entwurf so gut gelungen, dass es, von einigen Details abgesehen, von sämtlichen Wirbeltieren kopiert wurde. Nur wir Menschen müssen uns wohl weiterhin mit der Standardausführung begnügen: Weder können wir das Gras wachsen hören noch mithilfe unserer Fußsohlen Erdbeben voraussagen.

Froschkönig, Gebärkröte und Bürger Frosch

Wem der Volksmund den Vorzug gibt, ist klar: Lieber ›einen Frosch küssen‹, als ›eine Kröte schlucken‹. Gegenwärtig erlebt der fröhliche, listige, harmlose, gewitzte, geschmeidige, kosmopolitische Frosch eine erstaunliche Renaissance. In deutschen Vorgärten hat er den Gartenzwerg schon auf die hinteren Plätze verwiesen. Mit kühnem Sprung erobert er auch die digitale Bilderwelt. R.W. Aristoquakes alias Roland Wiegran hat auf seiner Internetplattform nach eigener Zählung zwanzigtausend Froschbilder aus Mythos, Magie, Werbung/Gebrauchskunst, Buchkunst, Religion und Alltagsgegenwart zusammengetragen und um eigene Zeichnungen und Gedichten bereichert. Frog Art findet als postmodernes Genre immer mehr Liebhaber. Der Frosch ist Pop – vielleicht, weil er uns so ähnlich ist. Der Frosch geht mit der Zeit. Er ist der ewige Bürger, der Wandlungsfähige, der Opportunist, der trotz aller Unglücksfälle und Missgeschicke noch einmal Davongekommene. Der Frosch ist individuell, er hat Charakter. Dagegen bleibt die Kröte das diskrete Tier der Wildnis, introvertiert, geheimnisvoll und solipsistisch. Der reinliche Frosch als netter Zeitgenosse und Fetischtier der Putzmittelwerbung hat wieder einmal triumphiert über die alte Kröte, das animistische ›Seelentier‹. Nicht einmal seine schlüpfrige Aura als Sexmonster scheint seinem Ansehen sonderlich geschadet zu haben. Jedes Kind kennt die Geschichte von der schönen Prinzessin und

Aus einem altindischen, ins Persische übersetzten Tierepos über die Kunst des Regierens stammt die Fabel vom Froschkönig, der auf einer Schlange reitet – seinem Erzfeind.

dem hässlichen Frosch, der um den gerechten Lohn betrogen wird, nachdem er ihren goldenen Ball aus dem Brunnen geholt hat. Zum Dank fordert er von der Prinzessin, für den Rest ihres Lebens Tisch und Bett mit ihm zu teilen. Die aber denkt gar nicht daran, ihr Versprechen einzulösen, als der Frosch ihr nachhüpft und Einlass begehrt in das Schloss ihres Vaters: »Königstocher, jüngste, mach mir auf!« Er wird immerhin eingelassen und darf an der königlichen Tafel speisen. Als er aber am Abend in das Bett des Mädchens springt, packt sie ihn grob und wirft ihn an die Wand. Sogleich verwandelt sich der Frosch in einen schönen jungen Prinzen, und beide leben glücklich bis an ihr Ende.

Zwei volkstümliche Vorstellungen haben sich in dem gekrönten Amphib vermischt: der Frosch als Allegorie für Sexualität und Verwandlung und der ›Krötenstein‹ als Symbol von Reichtum, Glück und langem Leben. Konrad von Megenberg nannte ihn Botrax (von *batrachites,* Frösche) und behauptete, er wachse im Kopf von Kröten. Der Gelehrte Albertus Magnus empfahl schon im 13. Jahrhundert den Krötenstein (*lapis bufonis* oder *borax Lapis*) als Amulett gegen allerlei Übel. Beliebt bei Beutelschneidern und selbsternannten Heilern, wurden solche aus Fischgräten geschnitzte Steine oder einfache Kiesel auf mittelalterlichen Jahrmärkten als Krötensteine angeboten. Um den Hals gehängt, sollten sie innere Vergiftungen verhindern. In Schwaben wurde der ›Krottenstein‹ gegen zu viel Muttermilch auf dem Rücken getragen, in Frankreich und Spanien war er als Schmuckstein an Fingerringen beliebt. Erst der Magdeburger Gabriel Rollenhagen räumte 1617 in seinen *Wahrhafften Lügen*-Geschichten mit dem Aberglauben auf, dass »Frösche und Kröten Kräuter essen und Steine auf oder in dem Haupte haben«. »Es ist auch bey vielen gar gewiß, daß die Kröten einen sonderlichen Reichs-Tag halten und wehlen eine zum Könige. Da setzen sie sich ringsherum, blasen die mit so starckem Gifft an, daß ihr ein Stein auf dem Haupte wächst.« Unter dem Titel *Der Froschmeuseler* verfasste Rollenhagen auch eine originelle Parodie auf die homerischen Schlachtenbilder, eine freie Nachdichtung der antiken *Batrachomyomachia,* in der Froschkönig Pausback (Physignathos) und Mäuseprinz Krumendieb (Psicharpax) gegeneinander Krieg führen. George Chapman, ein Freund von Shakespeare, Alexander Pope und Giacomo Leopardi fanden die deutsche Satire so vergnüglich, dass sie davon eigene Fassungen schufen.

Auch in einem anderen bekannten Märchen, *Dornröschen,* steht der Frosch für Fruchtbarkeit. Er prophezeit der Königin die Geburt einer gesunden Tochter, doch die böse dreizehnte Fee durchkreuzt alle guten Wünsche. Wie der Ursprung der Welt zweigeschlechtlich gedacht wurde, so symbolisierte der Frosch in allen alten Kulturen die zweipolige Existenz des Menschen zwischen Geburt und Tod. Ägyptische Öllampen in Froschform waren noch im 4. Jahrhundert im römischen Weltreich in Gebrauch, bis Kaiser Justinian das Christentum als Staatsreligion einführte und per Gesetz alle naturreligiösen Praktiken verbot, die bei den Völkern im Mittelmeerraum seit Jahrhunderten bekannt waren. Noch im 18. Jahrhundert wurden orientalische ›Froschverehrer‹, Ranoiten und Batrachiten genannt, von Kirchenhistorikern als ketzerische Sektierer diffamiert. Nachbildungen von Fröschen wurden als Grabbeigaben in Mumientücher gewickelt oder als Wiedergeburtssymbole und Fruchtbarkeitsamulette zu Schmuck verarbeitet und gebärenden Frauen zum Geschenk gemacht. Die ältesten Artefakte sind um die zwölftausend Jahre alt und wurden in Südfrankreich, Anatolien und Thessalien gefunden: kleine, in Knochen

Der Latona-Mythos war ein beliebtes Motiv in der höfischen Kunst des Rokoko, die eine besondere Liebe zu Erotik und Nacktheit pflegte.

geschnittene Darstellungen von ›Froschfrauen‹ mit geblähten Bäuchen und langen Gliedern. Lykien, im Südosten der heutigen Türkei, war einer griechischen Sage nach der Ursprung der Frösche: Auf der Suche nach ihrer Tochter Persephone verzaubert die Fruchtbarkeitsgöttin Demeter die lykischen Bauern zur Strafe, dass sie ihr kein Wasser gaben, in Frösche. In einer anderen Version der Sage, die teilweise auch Ovid in seinen *Metamorphosen* verwendete, ist es die hochschwangere Leto bzw. Latona, die Geliebte von Göttervater Zeus, der die Bauern das Wasser aus ihren Bächen und Seen verweigern, während sie vor der Rachsucht von Zeus' Gattin Hera auf die Insel

Delos geflüchtet ist. Erst nach umständlichen Verhandlungen im olympischen Familienrat gebar sie heimlich die Zwillinge Artemis und Apoll. Der Geburtsmythos des Gottes der Künste wurde 1661–1690 im Park von Schloss Versailles von André Le Nôtre in dem berühmten Latona-Brunnen verewigt. Karl Ditters von Dittersdorf hat die Froschlegende in der sechsten seiner *Metamorphosen-Symphonien* in Töne gesetzt.

1842 schuf der französische Zeichner Grandville den ersten Frosch-Comic. Hinter dem Titel *Das öffentliche und private Leben der Tiere* versteckte sich allerdings eine politische Satire auf die Julirevolution in Paris, getarnt als Tierfabel. Dies animierte Monsieur François Perrier, einen pensionierten Offizier der Schweizergarde, seine letzten sieben Lebensjahre damit zuzubringen, dass er in seiner Heimatstadt Frösche fing und präparierte, sie in Fräcke und Uniformen steckte und ihnen mit winzigen Möbeln Räume baute, in denen sie Billard oder Karten spielen, die Schulbank drücken, exerzieren oder im Wirtshaus der Völlerei und Trunksucht nachgehen. Zwischen ausgestopften Vögeln und Tieren, historischen Waffen, Arbeits- und Küchengeräten haben Perriers 108 Froschmumien nach siebzig Jahren einen würdevollen Platz in der volkskundlichen Tradition der Schweiz gefunden: Am 8. Mai 1927 wurde in Estavayer-le-Lac am Neuenburger See das Museé d'Estavayer-le-Lac et ses grenouilles eröffnet – ein Miniaturbild der patriarchalischen Schweiz des 19. Jahrhunderts, eine Männerwelt. Unter dem traumatischen Eindruck der Kriege und Völkermorde des 20. Jahrhunderts identifiziert die Dichterin Marie Luise Kaschnitz denn auch in diesem Sinne den »Bräutigam Froschkönig« aus dem Märchen mit dem Soldaten im Schützengraben: »Eine Rüsselmaske sein Antlitz / Eine Patronentasche sein Gürtel«. Kein Wunder, dass die Froschlurche in unserer Zeit in die Kämpfe um die Neuverhandlung des Geschlechterverhältnisses hineingezogen werden. So vollzieht die Berliner Konzeptkünstlerin Christa Frontzeck die symbolische Kreuzigung des Mannestiers mit einer Kruzifixinstallation; nur hat dieser blutrote Plastikfrosch keinen Tropfen tierischen Bluts mehr in sich. Er ist zum bloßen Objekt, zum Maskottchen feministischer Revolten gegen die männliche Herrschaft geworden. Aus männlicher Sicht hat Martin Kippenberger den Frosch als subversive sexuelle Selbstprojektion karikiert. Auch er nagelte einen erbärmlich verdursteten Frosch, ausgestattet mit Bierkrug und baumelndem Spiegelei statt Phallus, als einen Meter große christologische Leidensgestalt ans Kreuz und verband so zwei vertraute Motive der überlieferten Tierikonografie: Geschlechtlichkeit und Animalität als unausweichliches Triebschicksal. Sein Werk löste 2008 einen Skandal aus, der nach Kippenbergers frühem Tod bis in den Vatikan Kreise zog. Unter dem Vorwurf religiöser Blasphemie wurde das Werk aus einem Südtiroler Museum entfernt und ist seither in einer Privatwohnung versteckt.

Die Kröte bleibt indes, was sie immer gewesen ist: die Botin böser Taten, Laster und Krankheiten. Noch in den sehr populären moralischen Märchen von Ludwig Bechstein wurden Kröten mit hässlichen alten Frauen und diese mit Hexen in Verbindung gebracht. Generationen wuchsen mit Geschichten auf, in denen junge Mädchen zu stillen Waldtümpeln gelockt und von warzigen alten Kupplerinnen-Kröten in ihr unterirdisches Reich entführt werden, wo sie sich in schöne Nixen verwandeln

Albrecht Dürers Illustration von 1493 zum Der Ritter vom Turn. *Bei der Obduktion einer armen Sünderin kommt eine Kröte auf ihrem Herzen zum Vorschein.*

und reich beschenkt freigelassen werden. In dem Märchen *Der Teufel mit den drei goldenen Haaren* tritt sie sogar als Quellenvergifterin auf.

Die Vorstellung von der Kröte als weiblichem Geschlechtscharakter stammt vermutlich aus der griechischen Volksmedizin des 5. vorchristlichen Jahrhunderts. Die Gebärmutter, *hystera,* stellt man sich damals wie ein autonomes Wesen vor, das im Körper der Frau haust – gleichsam als Mutter in der Mutter. In der hippokratischen Schrift *De mulieribus* (›Über die Frau‹) wird beschrieben, wie sie ein ganzes Frauenleben lang ruhelos umherwandert und Ursache vieler weiblicher Krankheiten ist. Platon äußert denselben Gedanken in seinem kosmologischen Dialog *Timaios:* »Die Hystera ist ein Tier, das glühend nach Kindern verlangt.« Bekommt sie keine, plagt sie ihre Besitzerin mit tausend wechselnden Launen und Leiden. Nach der griechischen Bezeichnung wurde im 20. Jahrhundert eine spezielle Form der Neurasthenie, die vor allem bei weiblichen Patienten beobachtet wurde, Hysterie genannt. Frauenkrankheiten wurden im 15. Jahrhundert volkstümlich Krötenalp (Krotolf) genannt. Aus dem 17. Jahrhundert stammt ein aus Eisenblech geschmiedetes, neun Zentimeter kleines Gebärmuttervotiv in Form einer Kröte, das das Berliner Museum Europäischer Kulturen besitzt. Solche durch priesterlichen Segen geweihten Nachbildungen sind aus allen magischen Volkskulturen bekannt. Christliche Frauen boten sie der Jungfrau Maria mit der Bitte um Fruchtbarkeit dar. Dazu wurde ein Gebärmuttersegen gesprochen. Die rhythmischen Kontraktionen des Uterus, die Geburtsschmerzen und Krämpfe wurden im Mittelalter als *stigmata diaboli* gedeutet; der Teufel hatte sich der Gebärmutter bemächtigt und musste ausgetrieben werden wie eine schleimige, hässliche Kröte. Auf einem Holzschnitt von der Hand Albrecht Dürers wird einer aufgeschnittenen Frauenleiche von einem Ärztekollegium anstelle eines Herzens eine Kröte aus der Brust entnommen. Dürer hatte ihn 1493 als Illustration für eine altfranzösische Sammlung moralischer

Fabeln geschaffen (*Le Livre du chevalier de la Tour Landry pour l'enseignement de ses filles,* ›Der Ritter vom Turn von den Exempeln der Gottesfurcht und Ehrbarkeit‹). In dem als *Hexenhammer* berüchtigten Inquisitionshandbuch von 1486 wird von einer Frau berichtet, die gestanden haben soll, die heilige Abendmahlhostie in einen Topf gelegt zu haben, in dem eine Kröte saß. Sie wurde als Hexe verbrannt, nachdem sie, vermutlich unter Folter, zugegeben hatte, dass sie aus der getrockneten Kröte ein Zauberelixier habe herstellen wollen. Aus dem 19. Jahrhundert stammt das Bild des präraffaelitischen Malers Frederick Sandys, das die mythische Medea als erotischen Vamp beim Mischen eines Zaubertranks zeigt, streng beobachtet von einer dicken Kröte mit roten Augen. Die sexuelle Konnotation des Krötenmotivs benutzte noch Paul Klee in seiner Radierung *Weib und Tier.* Eine hässlich proportionierte Frauengestalt windet sich pflanzengleich aus einer felsförmigen Struktur und lockt mit ausgestrecktem Arm ein windhundartiges Geschöpf heran. Bei genauerem Hinsehen lässt sich der vermeintliche Felsblock leicht als Kröte oder Schildkröte mit gerecktem Kopf und warzig-schuppiger Haut erkennen. 1904 entstanden, als die Sexualforschung zu wissen meinte, dass in jeder Frau eine Nymphomanin steckt, steht Klee mit dieser latent frauenfeindlichen Darstellung unversehens wieder in der mittelalterlichen Vanitas-Tradition, die ihrerseits auf die archaische Frucht vor der Weiblichkeit verweist.

Seit an Dorfteichen und Waldweihern die realen Frösche rar geworden sind, verschwindet das biologische Tier immer mehr hinter den kulturellen Archetypen einer Gesellschaft, in

Kröte und Basilisk assistieren der Zauberin Medea auf einem Gemälde von Frederick Sandys.

der Tiere bald nur noch als Nutzobjekte und wertschöpfende Biomasse oder als Maskottchen zählen: guter Frosch, böser Frosch. Die Bürgermeisterin der US-Kleinstadt Northampton in Massachusetts ließ 2008 mitten in der Stadt eine Bronzeskulptur aufstellen, die einen gemütlich ausgestreckten, grinsenden Frosch darstellt. Darunter befindet sich eine Spendenbox mit der Aufforderung: »Feed the Frog / Feed the Hungry. All donations made to the Happy Frog bank will go directly to feeding the hungry of our community because Northampton cares.« Eine zumindest fragwürdige Allegorie auf erwerbslose oder notleidende US-Amerikaner, denn von dem gesammelten Geld werden zwei kostenlose warme Mahlzeiten pro Woche für Obdachlose und Stadtarme finanziert. Der domestizierte *trash frog* ist zur Endzeitfigur, zum Statustier eines naturfernen Lebensstils geworden. In der Menschenwelt, der Welt der sozialen Klassen und Hierarchien, ist er ein Nichts, das »unvollständige Tier« eben, ein Missgeschick der Schöpfung – wie in Edgar Allen Poes Parabel von »Hop-Frog«. Statt frei und fröhlich durch Wald und Wiesen zu hüpfen, spielt der arme Hop-Frog, hässlich, bucklig und hinkend, am Hof eines bösen Königs den Hofnarren und muss sich durch grobe Scherze demütigen lassen, um seinen Lebensunterhalt zu verdienen. Aber in seinem grotesken Körper steckt eine gute Seele und eine Menge Verstand. Und so zeigt er der Zivilisation eines Tages den Buckel und hüpft zurück in die Wildnis der Wälder, wohin er gehört – arm, aber frei. Die politische und wirtschaftliche Realität spottet solcher schönen Märchen. Der Filmemacher Jason Kohn hat in seinem Film *Manda Bala* (2007) den Kampf aller gegen alle in einem politischen System, das durch organisiertes Verbrechen, Mord, Korruption und brutale Ausbeutung von Kleinbauern an der Macht gehalten wird, am Beispiel einer der größten Froschfarmen der Welt in Indonesien gezeigt. In den reisanbauenden Ländern Asiens, in Thailand, Vietnam, Laos, Kambodscha werden Frösche und Kröten millionenfach von den Feldern gepflückt oder in riesigen, völlig überfüllten Becken unter qualvollen Bedingungen gezüchtet – überwiegend für den Export. Die Faustregel aller Vegetarier, ›Iss nichts, was Augen hat‹, wird von Froschessern penibel befolgt: Nur die muskulösen Schenkel kommen in den Handel. Als tierwohlverträglich gilt das Töten durch Enthauptung, meist werden ihnen aber mit bloßen Händen lebend die Schenkel abgerissen oder – abgehackt. Die verletzten Tiere enden qualvoll als zuckender Müll. Seit die Europäische Union 1992 ein Verbot erließ, Tiere in ihren Mitgliedsstaaten aus der Natur zu entnehmen, um die einheimischen Bestände zu schützen, wurden laut Pro Wildlife jährlich bis zu 200 Millionen Frösche nach Europa importiert (wobei ein einzelnes Tier etwa zehn bis 15 Gramm wiegt). Die Lieferanten sind Froschfarmen in der Türkei, in Ägypten, Brasilien, Vietnam, Taiwan und Indonesien (nachdem Indien und Bangladesch die Ausfuhr von Speisefröschen vor einigen Jahren gesetzlich eingeschränkt haben).

Als Fastenspeise werden Froschschenkel nach christlicher Tradition am Karfreitag verspeist. Neben der Westschweiz sind Lieferanten in Belgien, Frankreich und den Niederlanden die Hauptabnehmer. Liebhaber von Froschgerichten rühmen den feinen Geschmack, der an Hühnerfleisch erinnern soll. Tiefgefrorene Schenkel von Chinesischem Ochsenfrosch (*Hoplobatrachus rugulosus*) oder Javafrosch (*Limnonectes macrodon*)

Unerwünschte Migranten: Der nordamerikanische Ochsenfrosch ist ein kapitaler Nimmersatt.

führt mittlerweile jeder bessere Supermarkt. Als aber vor einigen Jahren an süddeutschen Gewässern echte lebende Ochsenfrösche auftauchten, die deutlich größer und lauter sind als ihre einheimischen Verwandten, war die Aufregung groß. Für die Gastronomie gezüchtet, waren überzählige Kaulquappen vermutlich in die Umwelt gelangt, wo sie sich explosionsartig vermehrten. Der Eindringling wurde als gefräßiger Artenkiller geächtet, der es auf einheimische Enten, Eidechsen, Vögel, Fische, Ratten, Mäuse und Lurche abgesehen hat. So drohte dem Ochsenfrosch bei uns dasselbe, was die äußerst giftige Aga-Kröte (*Bufo marinus*) seit Jahrzehnten in Australien erleiden muss: die grausame Massentötung als unfreiwilliger und unerwünschter Einwanderer. Vor fünfzig Jahren waren einhundert *Cane toads* aus Afrika als natürliche Waffe gegen einen Ackerschädling, den Zuckerrohrkäfer, eingeführt worden. Womit die Australier nicht rechneten, war ihre sprichwörtliche Fruchtbarkeit. Wo sie Wasser findet, kann eine einzige Kröte jährlich bis zu 35 000 Nachkommen zeugen. Außerdem schmecken den Kröten die australischen Käfer nicht. Um nicht zu verhungern, jagen sie alles, was ihnen vor das Maul läuft: kleine Säugetiere, Schlangen, Bienen und einheimische Frösche. Die australische Regierung hat die Aga-Kröte mittlerweile offiziell zum Staatsfeind erklärt. Monsterfilme werden über sie gedreht. Geldbörsen und Taschen aus Krötenhaut im Internet angeboten. Mit Knüppeln, Schrotflinten und Giftgas rückt man ihr unbarmherzig zu Leibe – mit wenig Erfolg. Zu Hunderttausenden irren sie in endlosen Schwärmen durch die nordwestlichen Distrikte. Viele haben ihre Füße zu blutenden Stummeln abgelaufen, denn ihr eingeborenes Navigationssystem versagt in der fremden Umgebung. Sie sind wie Schiffbrüchige, Boten des Jüngsten Gerichts, Verdammte ohne Schutz und Haus.

Doch es gibt auch gute Nachrichten für diese verletzlichen, nahezu schutzlosen Tiere, die zudem seit einigen Jahrzehnten Opfer einer Krankheit werden, die nur Kröten und Frösche befällt, sich in ihrer Epidermis vermehrt und in jedem Fall tödlich ist: der Chytridiomykose. Ursprünglich auf afrikanischen Krallenfröschen nachgewiesen, verbreitete sich der Erregerpilz im Gefolge der für Schwangerschaftstests millionenfach exportierten Laborfrösche epidemisch bis nach Nord- und Südamerika, Australien und Europa, wo er besonders stark auf den Balearen auftritt. Das El Valle Amphibian Conservation Centre in Panama, eine Art Froschhotel, sorgt dafür, dass viele vom Aussterben bedrohte Tiere behütet, umsorgt und wie Hotelgäste mit allem nötigen Komfort versehen sind: die Stummelfußfrösche und die Beutelfrösche und der Fransenzehenlaubfrosch, den die Naturschützer liebevoll Toughie tauften und der 2016 als letzter seiner Art ausstarb, weil er kein Weibchen mehr fand. Diese Frosch-Arche ist sicherheitstechnisch wie ein Hightech-Labor ausgerüstet, mit Desinfektionsschleuse und strengen Kontrollen zum Schutz vor dem bösartigen Chytrid-Pilz. In Kalifornien hat der Froschfreund Kerry Kriger 2008 die Plattform *Savethefrogs.com* als Zusammenschluss von Naturfreunden, Wissenschaftlern und Künstlern zum Schutz der nordamerikanischen Batrachia gegründet. Gemeinsam haben sie den letzten Samstag im April zum Save-the-Frogs-Day ernannt.

Wenn Unken unken

In Niederösterreich gibt es ein Dorf namens Unken, es liegt am Unkenbach, der sich durch das Unkental schlängelt. Und natürlich befindet sich ganz in der Nähe der Unkenberg. Die Gegend nahe Salzburg ist waldig, mit malerischen Wasserfällen und Gebirgsbächen. Ideale Bedingungen für Unken. Die Wortgeschichte lässt vermuten, dass in dem altgermanischen *unkwi* noch das lateinische Wort *anguis*, Schlange, nachklingt, das als Sammelbegriff für Kriechtiere wie Basilisken, Echsen, Kröten und Schlangen diente. Wo es Unken gibt, gibt es auch Schlangen, deren Nahrung sie sind. Und so treten in Volksmärchen Unken oft in Gesellschaft von Schlangen auf, was auf die Etymologie des Worts zurückdeutet. Als Gattungsbezeichnung führte Lorenz Oken 1816 für die Unke den lateinischen Namen *Bombina* ein, abgeleitet von dem Klang ihrer Rufe (*bombus,* ›tiefer Ton‹). In den Balkanromanen von Karl May benutzen Reisende den Unkenruf als geheimes Erkennungszeichen, was auf die ehemals hohen Bestandsraten der Froschlurche zwischen Adria und Schwarzem Meer schließen lässt. In den skandinavischen Ländern sind die beiden europäischen Arten, Gelbbauchunke und Rotbauchunke, mittlerweile sehr selten. In Nord-, Mittel- und Südamerika gibt es sie gar nicht. Die asiatischen Arten sind wenig erforscht, aber bei Terraristen beliebt und werden darum oft illegal nach Europa eingeführt, allen voran *Bombina orientalis,* eine leuchtend grün, orange und schwarz gefleck-

Immer schön den Überblick behalten; so fühlen sich Unken am wohlsten.

te Schönheit. Ihre runde Zunge, die nicht wie bei den Echten Kröten hervorschnellt, sondern fest angewachsen ist, ließ Zoologen sie lange der Familie der Scheibenzüngler (Discoglossidae) zuordnen. Aber vor allem die Stimme der Unke ist es, die Menschen von jeher in ihren Bann zog. Der deutsche Schriftsteller Günter Grass hörte auf seiner Reise durch Polen aus den »Unkenrufe[n]« im Schilf die Stimme der Toten, vergangener und zukünftiger, deutscher und polnischer Toter.

Schon der römische Dichter Properz erwähnt die Unken in einer seiner Elegien als rituelles Opfertier bei den Frühlingsfesten. Auf keltischen Reliefs sind sie abgebildet mit Mulden im Kopf. Ihr Blut symbolisierte Erneuerung, Reinigung und Neubeginn. Von alters her sind sie das Schmerzenstier, die Unglücksbotin, an der Dichter und Reimschmiede ihr Handwerk üben.

Und näher zog ein Leichenzug,
der Sarg und Todtenbahre trug
das Lied war zu vergleichen
dem Unkenruf in Teichen.
(Gottfried August Bürger, *Lenore*)

Unken und unksen waren umgangssprachliche Synonyme für ›klagen‹ und ›stöhnen‹. »Was unkt im Schilf, ihr Rufer?« (Johann Heinrich Voss d. Ä., *Idyllen*) Ihr dunkler Ruf kündigt die Dämmerung an, wenn die Schatten kommen. Genau genommen erzeugen aber nur die Rotbauchunken diesen tiefen, brummenden Ton einer Bassflöte. Annette von Droste-Hülshoff muss Gelbbauchunken gehört haben, als sie die traumseligen Verse schrieb:

Ich hörte nur der Wipfel Stöhnen
Und unter mir an Weihers Saum
Der Unken zart Geläute tönen.
(*Die Verbannten*)

Die größten Populationen von Rotbauchunken gibt es noch im östlichen Deutschland, in den Niederungen der mittleren Elbe, in den mecklenburgischen Seenlandschaften und in Brandenburg, wie Theodor Fontane in seinen *Wanderungen durch die Mark Brandenburg* festhielt:

Und an deinen Ufern und an deinen Seen,
Was, stille Havel, sahst all du geschehn?!
Aus der Tiefe herauf die Unken klingen, –
Hunderttausend Wenden hier untergingen.

Eine einzige deutsche Dichterin lieh dem Tier der Schwermut ihre eigene, schwesterliche Stimme. »Ich bin die Kröte«, schrieb Gertrud Kolmar. »Und ich liebe die Gestirne der Nacht. / Abends hohe Röte / Schwelt in purpurne Teiche, kaum / entfacht.« Zart und ernst dringt ein andermal der Ruf der Unken, »ein gläsern Stimmenspiel«, durch die nebelhafte Dämmerung einer Frühlingsnacht. Es ist die Klage der trauernden Seele, »die dunklen Schmerzwein trank«, die Klage der verfolgten, verachteten, gedemütigten Jüdin. Stumm, »duckig und dick« hockt das Tier in der Niederwelt, während »unter dem Vogelgefieder der Nacht« ihr trauriges Lied unerwidert durch die Dunkelheit dringt.

Ich bin die Kröte.
Und ich liebe das Gewisper der Nacht.
Eine feine Flöte
Ist im schwebenden Schilf, in den
Seggen erwacht.

Die Kröte, das diskrete Tier der Verwandlung, ist unser lebendiges Gedächtnis. Für Dichter und Träumer ist sie das Seelentier, für Biologen das beschriebene und vermessene Tier, für Liebhaber von Streetfood und Haute Cuisine das essbare Tier, für Froschfetischisten das menschenfreundliche, für Krötenretter das gefährdete Tier. Und so wird es wohl dabei bleiben, dass jeder von uns seine eigene Kröte im Kopf hat. An dem Tag, an dem unsere Teiche an warmen Juniabenden nicht mehr vom heiseren Trillern der Unken und Kröten und dem andächtigen ›boax, boax‹ der Frösche widerhallen, werden wir vergessen haben, wie wir wurden, was wir sind.

Im Spätsommer rufe ich Otto Bardella an, den Berliner Krötenschützer, um mir die diesjährige Krötenstatistik durchsagen zu lassen. Über vierhundert Exemplare haben es über die Straße und wieder zurück geschafft, darunter einjährige Jungkröten. Auch in meinem Dorf gibt es Nachwuchs. Winzige Erdkröten, kaum größer als ein Fingernagel, trippeln eilig über die Betonstraße. Die letzten Mückenformationen tanzen in den schrägen Sonnenstrahlen. Eine Libelle irrt über den Graben, in dem das Wasser nur noch eine Handbreit steht. Im Oktober setzt Regen ein. Rasende Wolken aus Staren und Drosseln taumeln durch die Luft, bilden immer neue Figuren und lassen sich wie auf Kommando in der Pappel vor dem Haus nieder. Im Museum der vergessenen, verschollenen, gefährdeten Arten, das wir aus alter Gewohnheit Natur nennen, wird es still. Nur die Schreie der Graugänse und Kraniche gellen durch den leeren Himmel. Die nördlichen Hemisphären werden bald unter atlantischen Tiefdruckgebieten erstarren, Eis und Schnee Dächer, Straßen, Wiesen und Gräben zudecken. Das kleine Sterben hält wieder Einzug. Rötlichgelb glimmen die Wälder am Fluss im letzten Herbstlicht, bevor alle Farben verschwinden. Schwarze Blüten und Samenstände, bleiches Gras, gelbes Laub verwandeln die Flusslandschaft in ein Foto aus einem alten Familienalbum. Doch tief in der Erde atmet etwas, sacht und leise, der nächsten Verwandlung entgegen.

Gemeine Erdkröte

Bufo bufo LAURENTI, 1768

Common toad

Crapaud commun

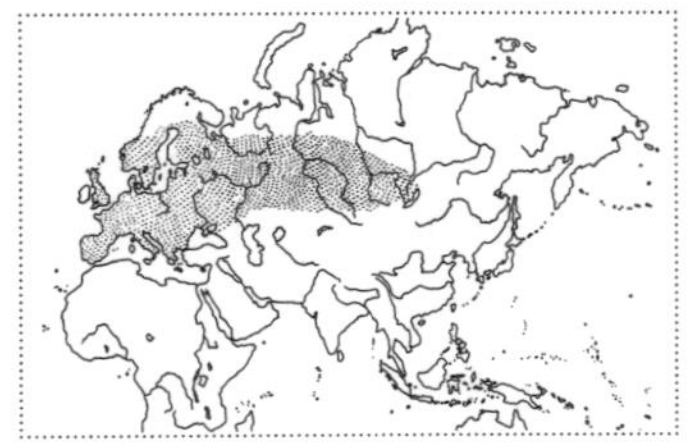

Das Standardmodell der europäischen Gattung *Bufo,* der Echten Kröten, erkennbar an der graubraunen Färbung, der herzförmigen Pupille und kupferroten Augen, wurde schon im 12. Jahrhundert als eigene Landkrötenart beschrieben; aus ihnen gewann die Volksmedizin ein Pulver gegen Krebserkrankungen. Als echte Weltbürger sind sie und ihre Schwesterarten zwischen Kaukasus, Schwarzem Meer und Mittelmeer praktisch überall anzutreffen, wo es feuchte, schattige Laubwälder, Naturgärten, städtische Parks, ruhige Flussbuchten, Teiche und Weiher gibt. In der Schweiz sind Erdkröten bis auf 2300 Meter Höhe heimisch. Die weiblichen Tiere können bis zu 19 Zentimeter lang werden und gehören damit zu den größten europäischen Amphibien. In Italien, Griechenland und auf dem Balkan ist ihre warzenreiche Haut meist rötlich gefärbt, mit hellen Flecken oder Streifen. Bis vor Kurzem wurde auch die Amerikanische Erdkröte (*Bufo americanus*) der Gattung *Bufo* zugeordnet. Doch mittlerweile ist es einsam geworden um *Bufo bufo.* Moderne Verfahren der Genomsequenzierung haben die herkömmlichen taxonomischen Familienverhältnisse der Batrachier reichlich durcheinandergebracht. Demnach bilden die Echten Kröten keine monophyletische Gruppe mehr, weil sie keinen gemeinsamen Vorfahren nachweisen können. Die italienischen, griechischen, mitteleuropäischen Populationen haben neben der Westlichen Erdkröte (*Bufo spinosus*), der Kaukasischen und der Kaspischen Erdkröte nun gute Aussichten, bald als eigene Arten gewürdigt zu werden.

Kreuzkröte

Bufo (Epidalea) calamita LAURENTI, 1768

Natterjack toad

Crapaud calamite

Diese fünf Zentimeter kleine Schönheit mit smaragdgrünen Augen ähnelt ein wenig den Fröschen und wird zuweilen mit ihnen verwechselt. Die Haut ist grünlich oder olivbraun gefleckt auf sandgelbem Grund, der Bauch weißlich, die flachen schwarzen Warzen haben perlenartige rote Spitzen. Manche schmücken sich zusätzlich mit einem sandfarbenen Rückenstreifen. Von anderen Erdkrötenarten unterscheiden sich Kreuzkröten durch den schlankeren Körperbau und das längliche, kantige Maul. Sie sind flinke, ausdauernde Läufer und gute Kletterer mit kräftigen, kurzen Beinen, aber schlechte Springer. Ihr Bedürfnis nach Wasser ist größer als das ihrer Artgenossen. Obwohl ein Gelege bis zu sechstausend Eier enthalten kann, stehen Kreuzkröten ganz oben auf der Liste vom Aussterben bedrohter europäischer Amphibien. Ursprünglich eine Bewohnerin wasserreicher Auenwiesen, bieten verlassene Bergbaugruben, Truppenübungsplätze und überwachsene Dünen die letzten unberührten Lebensräume. Die Kreuzkröte ist der lauteste, wenn auch nicht der angenehmste Sänger unter den Kröten. Die Schallblase der männlichen Tiere bläht sich dabei bis zur halben Körpergröße auf. Ihr Name (*calamita* = schädlich) beweist lediglich, dass sie nicht besonders beliebt war. Früher wurde sie auch Sumpfkröte, Stinkende Erdkröte, Röhrling und Hausunke genannt. Dabei ist sie eine friedliche Bürgerin, verträgt sich mit anderen Kröten und Fröschen und teilt mit ihnen zur Paarungszeit Weiher und Teiche.

Wechselkröte
Bufo (Bufotes) viridis

Green toad

Crapaud vert

Meine schön gefleckte Hauskröte ist zierlicher als die Kreuzkröten, mit längeren Beinen und schlankeren Fingern, aber eine ebenso agile und ausdauernde Wanderin, die ganz Mittel- und Südeuropa als Lebensraum nutzt. Sie geht gelegentlich auch tagsüber auf die Jagd, sobald die Sonne ihre Lebensgeister geweckt hat. Temperaturen über 30 Grad Celsius weiß sie zu schätzen. Der Morgentau genügt ihr notfalls, um ihre Haut kühl zu halten und Flüssigkeit aufzunehmen, denn Kröten trinken durch die Haut. Wechselkröten lieben Ackersteine und Ufergeröll, besonders wenn sie von der Sonne erwärmt sind, und so leben sie gern in Gesellschaft von Salamandern, mit denen sie diese Vorliebe teilen. Den Winter verbringt *Bufo viridis* so warm wie möglich; sie gräbt sich, zart gebaut, wie sie ist, nicht ein, sondern sucht Zuflucht unter Bretterstapeln, in Garagen, Kellern, in Ritzen von altem Mauerwerk. Ihre Anpassungsbereitschaft an neue Habitate ist groß. Bei einer Lebensdauer von bis zu fünfzehn Jahren kommt sie dabei ein gutes Stück durch die Welt. Ihre ruhelose Wanderlust endet heutzutage meistens in Sandgruben und Industriebrachen. Von allen Krötenarten reagiert sie am sensibelsten auf Klimaschwankungen und Umweltstörungen. In Bayern hat sich der Bestand in vierzig Jahren um 90 Prozent reduziert. Wer Wechselkröten im Freien beobachten will, sollte zur Laichzeit nach Mallorca oder Sizilien reisen, solange Brunnenbohrungen und Golfplätze sie nicht auch von dort verdrängt haben.

Gemeine Geburtshelferkröte

Alytes obstetricans LAURENTI, 1768

Midwife toad

Alytes accoucheur

Wer einer Geburtshelferkröte (*Alytes*) tief in die bernsteingelben Augen sieht, erkennt schon an der vertikalen Pupille, dass sie – wie die Unken – zu den urtümlichsten Amphibien (Archaeobatrachia) gehört. Ihr Name verweist auf das ungewöhnliche Brutpflegeritual dieser Gattung. Das Männchen wickelt bei der Besamung die meterlangen Laichschnüre um seine Beine und trägt sie bis zum Schlüpfen der Larven bei sich. In zahlreichen Unterarten bevölkerten Geburtshelferkröten noch vor wenigen Jahrzehnten in hellen Scharen Korsika, Sardinien, Malta, Sizilien, die Balearen, Spanien, Südfrankreich; die Gemeine Geburtshelferkröte, die größte ihrer Gattung, ist auch hierzulande bis zu den deutschen Mittelgebirgen verbreitet. Die Tiere sind oft hübsch gemustert, mit kräftig farbigen Flecken und länglichen Warzen. Besonders lieben sie kalkhaltige Böden, steinige Abhänge, schattige Bergtäler bis in Höhen von 1500 Metern, sie begnügen sich zur Not aber auch mit Bahnschotter, Tongruben und Autobahnböschungen. Die breite, fest mit dem Mundboden verwachsene Zunge haben sie mit der Familie der Scheibenzüngler gemeinsam, mit der sie eng verwandt sind. Für *Alytes* bedeutet *survival of the fittest* aber in erster Linie den Kampf um Wasser in einem Europa, das immer längeren Trockenperioden und höheren Durchschnittstemperaturen ausgesetzt ist.

Rotbauchunke

Bombina bombina LINNAEUS, 1761

Fire-bellied toad

Bombina

Unken leben meist in kleinen Gruppen bis zu zehn Tieren zusammen. Auf der ganzen Erde sind nur noch zehn Arten bekannt. Von den Echten Kröten lassen sie sich, sofern man nah genug an sie herankommt, durch den flacheren Körper, die fehlenden Drüsenwülste und die herzförmigen Pupillen unterscheiden. Sie sind mit 35–40 Millimetern erheblich kleiner als Erd- oder Wechselkröten. Diese unscheinbaren nächtlichen Rufer sind Tieflandbewohner; noch vor wenigen Jahrzehnten bevölkerten sie vornehmlich dicht bewachsene Uferzonen mäßig bewegter Gewässer, Flussauen und Überschwemmungszonen. Bis in den Frühherbst liegen sie am liebsten mit ausgestreckten Beinen entspannt auf dem Wasser und lauern auf vorbeifliegende oder schwimmende Nahrung, die sie mit ihrer kreisrunden, klebrigen Zunge fangen. Auf Stechmückenlarven sind sie ganz besonders wild. In der Paarungszeit pumpen die männlichen Tiere Luft durch die sich blähende Schallblase und lassen sie wieder entweichen, dabei erzeugen sie den charakteristischen dumpfen Unkenruf; wie groteske Bälle mit weit offenen Augen schweben sie dabei auf dem Wasser.

Fühlt sich eine Unke bedroht, drückt sie die Hände fest vor die Augen, biegt ihren Rücken zur Schüssel und signalisiert durch die Warnfarben ihrer rot- oder gelb-schwarz gefleckten Unterseite dem Angreifer, dass sie giftig ist. Ihr Drüsensekret, das Bombesin, ist ein Zellgift, das in der Medizin als Tumormarker genutzt wird.

Knoblauchkröte

Pelobates fuscus LAURENTI, 1768

Common Spadefoot

Pélobate brun

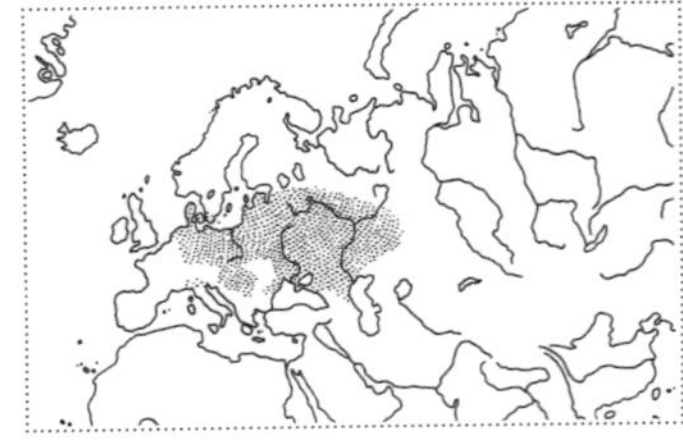

Kleine kompakte Arbeitstiere mit großen bernsteingelben Augen und ausdrucksvoller bronzener Hautmusterung aus der Familie der Europäischen Schaufelfußkröten. Die plastische Ausformung von Nase und Stirnhöcker gibt ihnen ein markantes Gesicht. Ihren Gattungsnamen haben sie von den scharfkantigen Grabeschaufeln an der Unterseite der Füße, mit denen sie sich bis in große Tiefen rückwärts in den Boden buddeln. Mit ihren Schwimmhäuten sind die Füße aber ebenso gut zum Schwimmen ausgestattet. Der diesem Tier nachgesagte Gestank, ausgelöst durch sein Hautsekret, wird nur freigesetzt, wenn man es erschreckt. Zersiedelung und industrielle Landwirtschaft, tiefes Pflügen der Äcker, die außerhalb der Paarungszeit tagsüber als Zufluchtsräume dienen, bedeuten für sie ebenso den sicheren Tod wie der Rückgang der Insektenpopulationen durch das Besprühen der Felder mit giftigen Chemikalien. Außerdem haben sie von allen Lurchen die feinsten Hörorgane und reagieren empfindlich auf Lärmverschmutzung und Bodenerschütterungen durch Landwirtschaftsmaschinen, Autobahnen oder Wärmepumpen. Als ursprüngliche Steppen- und Wüstenbewohner können Knoblauchkröten dagegen unter kärglichen Bedingungen gut leben. Wassermangel macht ihnen wenig zu schaffen; sobald vegetarische Nahrung knapp wird, verlegen sie sich auf Kannibalismus.

Gemalter Scheibenzüngler

Discoglossus pictus OTTH, 1837

Painted frog

Discogloss peint

An den scharf begrenzten, symmetrisch angeordneten dunkelbraunen Flecken, die ›wie gemalt‹ aussehen, kann man ihn von einfarbigen Arten seiner Gattung gut unterscheiden. Sein Körperbau verbindet urtümliche Merkmale von Frosch und Kröte, denn er gehört – wie Unken und Geburtshelferkröten – zu den Archaeobatrachia, den ältesten Amphibien der Erdzeit. An felsigen Stränden auf Sardinien, Malta, in Spanien, Südfrankreich, Korsika oder Sizilien und im nordwestlichen Afrika sind einzelne Individuen mit etwas Glück im Frühling zu beobachten, wie sie in abgegrenzten kleinen Becken ablaichen. Auch in höheren Bergregionen der mediterranen Inselwelt sind sie an wildstrudelnden Bächen und besonnten Felsen gelegentlich noch anzutreffen. Gutnachbarschaftlich teilen sie sich das Nahrungsangebot mit Salamandern, Mauergeckos, Skinken und Eidechsen. *Discoglossus pictus* scheint aber nicht nur ein friedfertiger Bürger zu sein, er ist auch ungewöhnlich sportlich: Er schwimmt, klettert, rennt und springt gleich gut. Das muss er auch – schließlich muss das Insekt erst einmal mit dem spitzen Maul geschnappt werden, bevor die klebrige, kreisrunde Zunge es festhalten und in den Schlund befördern kann.

Amerikanische Schaufelfußkröten
Scaphiopodidae

American spadefoot toad
Scaphiopodidae

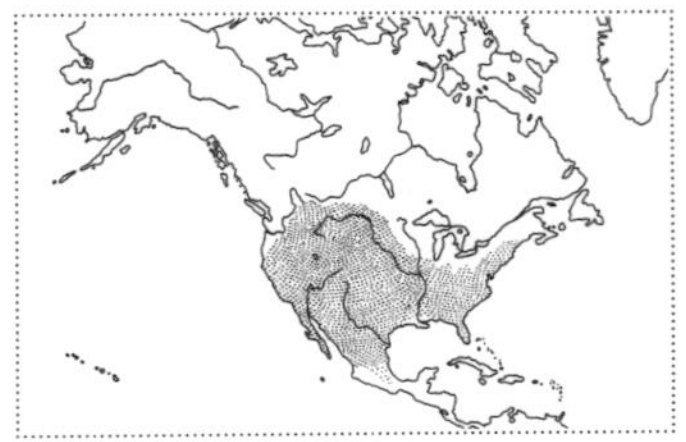

Nicht alle Amphibien mögen es feucht und modrig. Aber keine Art kann es in puncto Wassersparen mit den nordamerikanischen Verwandten der Europäischen Schaufelfußkröten aufnehmen. Einige Vertreter dieser Familie, die New Mexico-Schaufelfüße, sind in den trockenheißen Wüsten und Steppen in South Dakota, Nevada, Arizona und New Mexico zuhause, wo es manchmal nur alle zwei Jahre regnet. Im Sommer, wenn es tagsüber bis zu 45 Grad Celsius heiß werden kann, sind die hübschen, großäugigen Tiere praktisch unsichtbar. Um nicht auszutrocknen und ihre normale Körpertemperatur bei etwa 32 Grad Celsius zu halten, graben sie sich zwischen April und September bis zu einen Meter tief in den kühlenden Wüstensand ein. Ein ausgeklügeltes osmotisches System sorgt dafür, dass sie noch geringste Spuren von Bodenfeuchtigkeit über die Haut aufnehmen und über Monate speichern können. Auch ihr feines Gehör kommt ihnen zu Hilfe. Sobald das dumpfe Poltern von Regentropfen auf Wüstensand zu ihnen dringt, schaufeln sie sich nach oben und wimmeln dicht aneinandergedrängt an Pfützen und Tümpeln, um eilig ihre Eier abzulegen. Ihr Lebensmotto: carpe diem. Darum haben Schaufelfußkaulquappen unter allen Kröten die kürzeste Kindheit; das Larvenstadium dauert nur zwei Tage; vierzehn Tage später ist die Umwandlung zum adulten Tier beendet.

Grasfrosch

Rana temporaria LINNAEUS, 1758

Grass frog

Grenouille rousse

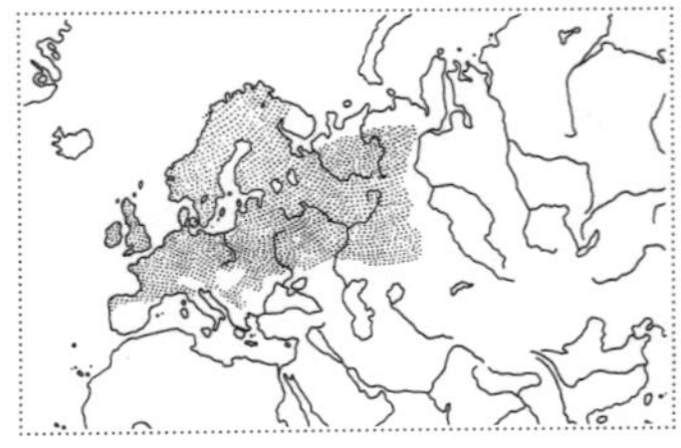

Jedes Jahr wählt die Deutsche Gesellschaft für Herpetologie und Terrarienkunde eine Amphibienart. Froschlurch des Jahres 2018 ist der Grasfrosch, ein goldiges Tierchen mit großen Glubschaugen aus der Familie der Braunfrösche. Zur Weltfamilie der Echten Frösche (Ranidae) gehören derzeit fünfundzwanzig Gattungen, von denen nur noch zwei in Europa leben. Der lateinische Name (temporaria = zeitweise) bezieht sich auf die Beobachtung, wonach diese kleinen Hüpfer an nur wenigen Tagen des Jahres plötzlich in dunklen Scharen erscheinen und bald darauf wieder wie vom Erdboden verschluckt sind. Das liegt daran, dass sie sich die meiste Zeit des Jahres am Gewässergrund aufhalten und dort auch überwintern. Erst zur Laichzeit versammeln sie sich an den Uferböschungen. Sie sind hell-graubraun bis zimt-paprika-oliv-schokoladenbraun gefleckt, haben spitze Mäuler, keine Schallblasen und sind an Land praktisch stumm. Dafür können sie bis zu acht Jahre alt werden, falls sie nicht vorher von Vögeln, Fischen, Spitzmäusen, Wildschweinen, Ratten, Schlangen oder Enten gefressen werden. Grasfrösche sind die Ersten, die Ende Februar zu ihren Laichgewässern aufbrechen, wo ein Weibchen bis zu viertausend Eier ablegt. Nicht wie die Kröten in langen Fäden, sondern in schwimmenden dunklen Klumpen. Auch ihnen setzen die intensive Bewirtschaftung von Grünflächen und die Absenkung des Grundwasserspiegels zu.

Seefrosch
Pelophylax ridibundus PALLAS, 1771

Marsh frog

Grenouille rieuse

Wie der lateinische Name (*ridibundus* = der Lachende) schon signalisiert, sind Seefrösche erkennbar an dem fröhlichen hellgrünen Rückenstreifen und ihrem keckernden Ruf aus zwei seitlichen Schallblasen. Sobald ein Sonnenstrahl am frühen Abend auf eine Bachböschung fällt, lockt es die Seefrösche, die letzte Wärme zu genießen. Paart sich ein Seefrosch mit einem Kleinen Wasserfrosch (*Pelophylax lessonae*), dann entsteht ein Teichfrosch (*Pelophylax esculenta*), ein Hybrid. Im Gegensatz zu vielen anderen Hybriden im Tierreich – wie beispielsweise bei der Kreuzung von Eselhengst und Pferdestute zum Maultier – ist dieser Mischling allerdings selbst fortpflanzungsfähig. Das liegt daran, dass der Teichfrosch zwei Chromosomensätze behält und bei der Paarung mit einem anderen Teichfrosch ein unverändertes Genom eines Elternteils weitergibt und so erneut ein Hybridfrosch entsteht. Dieser genetische Sonderweg beschert uns alljährlich das Froschkonzert am Dorfteich. Ihm zu Ehren wurden Sinfonien komponiert und Gedichte geschrieben. Also nicht der Seefrosch, sondern sein Bastard, der Teichfrosch (*Pelophylax esculentus*) ist genau genommen der Held der Märchen und Legenden. In alten Zeiten war er beliebt als Wetterfrosch im Glaszylinder. Mit seiner leuchtend grünen, türkisen oder bläulich-gelben Färbung, sobald das Sonnenlicht intensiver wird, ist er der hübscheste unter den Fröschen und ein ersehnter Bote des Frühlings.

Europäischer Laubfrosch
Hyla arborea

Tree frog

Rainette

Der Europäische Laubfrosch (*Hyla arborea*) ist die einzige Art der Gattung *Hylidae* in Europa. Er lebt wie ein Spatz in Bäumen und Sträuchern und ist nur zur Eiablage am Wasser anzutreffen. Mit seiner glatten, grasgrünen Haut, dem hellen Bauch mit dunklem Seitenstreifen und dem feingliedrigen Körperbau ist er der Inbegriff des liebenswerten Krötentiers. Versicherungsunternehmen und Schuhputzmittelhersteller wählen ihn zum vertrauenswürdigen Werbeträger. Er ist der ›König Frosch‹, den die Kinder lieben. Als Migranten aus tropischen und subtropischen Weltteilen mögen Laubfrösche Wärme und nehmen ausgiebige Sonnenbäder; sie sind die Letzten, die Ende April an den Laichplätzen erscheinen. Zehen und Finger sind mit ausgeprägten Haftscheiben versehen, die sie zu guten Kletterern machen. Unter ihren besonders form- und farbenreichen südamerikanischen Verwandten sind zahlreiche nestbauende Arten. Besonders erfinderisch ist *Hyla faber,* der burgenbauende argentinische Laubfrosch. Vor der Eiablage errichtet eine Gruppe männlicher Tiere im Uferbereich eine Umfriedung aus Schlamm; in ihm schlüpfen die Larven. Andere nisten wie Vögel in dichten Baumkronen.

Literatur-auswahl

Hans Christian Andersen: ***Die Kröte,*** in: ders.: *Märchen,* Weinheim 2012.

Ludwig Bechstein: ***Gevatterin Kröte. Vom Knaben, der das Hexen lernen wollte,*** in: ders.: *Sämtliche Märchen,* München 1985.

Wilhelm Bölsche: ***Das Liebesleben in der Natur. Eine Entwickelungsgeschichte der Liebe,*** 3 Bände, Florenz/Leipzig 1898.

Benjamin Bühler: ***Tier, Experiment und Philosophische Anthropologie,*** in: *Disziplinen des Lebens. Zwischen Anthropologie, Literatur und Politik,* herausgegeben von Ulrich Bröckling u. a., Tübingen 2004.

Julian Blunk: ***Frosch und König. Kröte und Katharsis. Zur Rolle der Unken in der Kunst,*** 2009. http://archiv.ub.uni-heidelberg.de/artdok/volltexte/2016/3707

Gunhild Buse: ***»... als hätte ich ein Schatzkästlein verloren.« Hysterektomie aus der Perspektive einer feministisch-theologischen Medizinethik,*** Berlin u. a. 2003.

Charles Darwin: ***Die Entstehung der Arten durch natürliche Zuchtwahl,*** Leipzig 1980.

Annette von Droste-Hülshoff: ***Die Verbannten,*** in: dies.: *Gedichte,* Stuttgart / Tübingen 1844.

Jean-Henri Fabre: ***Erinnerungen eines Insektenforschers,*** übertragen von Friedrich Koch und Ulrich Kunzmann, Band I–X, Berlin 2010 ff.

Jutta Failing: ***Frosch und Kröte als Symbolgestalten in der kirchlichen Kunst,*** (Doktorarbeit an der Universität Gießen), Gießen 2003.

Dieter Glandt: ***Die Amphibien und Reptilien Europas. Alle Arten im Porträt,*** Wiebelsheim 2015.

Günter Grass: ***Unkenrufe,*** Göttingen 1992.

Bernhard Grzimek (Hg.): ***Grzimeks Tierleben,*** Band V, Fische II, Lurche, Augsburg 2000.

Kurt Grossenbacher (Hg.): ***Handbuch der Reptilien und Amphibien Europas,*** Band 5/I bis 5/III, Wiebelsheim 2013.

Rainer Günther (Hg.): ***Die Amphibien und Reptilien Deutschlands,*** Wiesbaden 2009.

Gerhard Heldmaier, Gerhard Neuweiler: ***Vergleichende Tierphysiologie. Neuro- und Sinnesphysiologie,*** Berlin/Heidelberg 2003.

Walter Hirschberg: ***Frosch und Kröte in Mythos und Brauch,*** Wien u. a. 1988.

Bernd Hüppauf: ***Vom Frosch. Eine Kulturgeschichte zwischen Tierphilosophie und Ökologie,*** Bielefeld 2011.

Marie Luise Kaschnitz: ***Bräutigam Froschkönig,*** in: dies.: *Neue Gedichte,* Hamburg 1957.

Bernie Krause: ***Das große Orchester der Tiere. Vom Ursprung der Musik in der Natur,*** München 2013.

Elizabeth Kolbert: ***Das sechste Sterben. Wie der Mensch Naturgeschichte schreibt,*** Berlin 2015.

Gertrud Kolmar: ***Die Kröte,*** in: dies.: *Das lyrische Werk,* Band II, herausgegeben von Regina Nörtemann, Göttingen 2003.

Arthur Köstler: ***Der Krötenküsser. Der Fall des Biologen Paul Kammerer,*** Wien 1972

Lautréamont: ***Die Gesänge des Maldoror,*** in: ders.: *Das Gesamtwerk. Die Gesänge des Maldoror, Dichtungen (Poésies), Briefe,* Reinbek bei Hamburg 1988.

Karin Leonhard: ***Bildfelder. Stillleben und Naturstücke des 17. Jahrhunderts,*** Berlin 2013.

Carl von Linné: ***Systema naturæ sistens regna tria naturæ, in classes et ordines, genera et species redacta tabulisque æneis illustrata. Editio sexta, emendata et aucta,*** Stockholm 1748.

Edgar Allan Poe: ***Hop-frog,*** in: ders.: *Collected Works of Edgar Allan Poe,* Band III, Tales and Sketches 1843–1849, Cambridge / London 1978.

August Johann Rösel von Rosenhof: ***Die natürliche Historie der Frösche hiesigen Landes,*** Nürnberg 1758.

Alexa Sabarth: ***Pelobates. Jugendroman,*** Albersdorf 2015.

Alois Schäfer: ***Biogeographie der Binnengewässer. Eine Einführung in die biogeographische Areal- und Raumanalyse in limnischen Ökosystemen,*** Stuttgart 1997.

Susanne Warda: ***Memento mori. Bild und Text in Totentänzen des Spätmittelalters und der Frühen Neuzeit,*** Wien u. a. 2011.

Anmerkungen

1 Jutta Failing: *Frosch und Kröte als Symbolgestalten in der kirchlichen Kunst,* Bd. 1, Dissertation Gießen 2003, S. 181.

2 Bernhard Grzimek et al. (Hg.): *Grzimeks Tierleben,* Bd. V, Fische II und Lurche, Augsburg 2000, S. 297.

3 Wilhelm Bölsche: *Das Liebesleben in der Natur. Eine Entwickelungsgeschichte der Liebe,* Bd. 2, Florenz / Leipzig 1900, S. 47.

4 Oskar Panizza: »Die gelbe Kröte«, in: ders.: *Der Korsettenfritz. Geschichten,* München 1981, S. 371.

5 Lautréamont: *Die Gesänge des Maldoror,* in: ders.: *Das Gesamtwerk. Die Gesänge des Maldoror, Dichtungen (Poésies), Briefe,* Reinbek bei Hamburg 1988, S. 44.

6 Bernd Hüppauf: *Vom Frosch. Eine Kulturgeschichte zwischen Tierphilosophie und Ökologie,* Bielefeld 2011, S. 17.

7 Bernie Krause: *Das große Orchester der Tiere. Vom Ursprung der Musik in der Natur,* München 2013, S. 185 f.

8 In der Übertragung von Ludwig Seeger.

Abbildungsverzeichnis

Seite 65 *Water Gnat, Martagon Lily, Yellow-Bellied Toad, and European Screw Shell.* Joris Hoefnagel, Georg Bocskay: Mira calligraphiae monumenta, 1561–62.

Seite 68 *Tafel XX* und **Seite 71** *Tafel XI.* Rösel von Rosenhof: Historia Naturalis Ranarum, Nuremberg 1758.

Seite 75 *Große Wabenkröte.* Maria Sybilla Merian: Metamorphosis insectorum surinamensium, Amsterdam 1705.

Seite 78 *Zes kikkers en padden.* Theo van Hoytema, 1878–1917.

Seite 84 *Bufo Aqua.* Johann Baptist von Spix: Animalia nova sive species novae testudinum et ranarum, 1824.

Seite 96 *Fig. 157, 166.* Leopold Joseph Fitzinger: Bilder-Atlas zur wissenschaftlich-populären Naturgeschichte der Wirbelthiere, Wien 1867.

Seite 100 *Alytes obstetricans,* **Seite 107** *Bufo calamita* und **Seite 132** *Bombinator igneus, Bombinator pachypus.* George Albert Boulenger: The tailless batrachians of Europe, Vol. 1, London 1897–98.

Seite 110 *Le soleil et les grenouilles.* J. J.Grandville: Fables de La Fontaine, Bd. VI, Paris 1855.

Seite 113 Aus dem Zyklus *Die vier Erdteile,* Asien, Detail: Aden. Jan van Kessel. München, Alte Pinakothek. © Bayer&Mitko – ARTOTHEK.

Seite 116 *Kikker zittend op de rug van een slang.* Jan Luyken, 1693.

Seite 119 *Latona verwandelt die lykischen Bauern in Frösche.* Johann Georg Platzer, ca. 1730.

Seite 122 Illustration zu *Der Ritter vom Turn.* Albrecht Dürer, 1493.

Seite 125 *Medea.* Frederick Sandys, 1866–68.

Seiten 137–157 Illustrationen von Falk Nordmann, 2018.

Beatrix Langner, geboren 1950 in Berlin, ist promovierte Germanistin, Biografin, Essayistin und Kritikerin. Bei Matthes & Seitz Berlin veröffentlichte sie zuletzt *Die 7 größten Irrtümer über Frauen, die denken.*

NATURKUNDEN № 40
Erste Auflage Berlin 2018

NATURKUNDEN
herausgegeben von Judith Schalansky
erscheinen bei Matthes & Seitz Berlin
ermöglicht durch Jan Szlovak, Hamburg

Copyright © 2018
MSB Matthes & Seitz Berlin Verlagsgesellschaft mbH
Göhrener Straße 7, 10437 Berlin
info@matthes-seitz-berlin.de
info@naturkunden.de
Alle Rechte vorbehalten.

EINBAND UND TYPOGRAFIE Pauline Altmann, Berlin
nach einem Entwurf von Judith Schalansky
TITELILLUSTRATION Pauline Altmann, Berlin
SCHRIFT Ingeborg von Michael Hochleitner/Typejockeys
LITHOGRAFIE Tomas Mrazauskas, Berlin
HERSTELLUNG Hermann Zanier, Berlin
PAPIER 100 g/m² Fly 04 hochweiß, 1,2 faches Volumen
EINBANDMATERIAL Napura® Khepera von
Winter & Company GmbH, Lörrach
DRUCK UND BINDUNG Pustet, Regensburg

ISBN 978-3-95757-546-3

www.naturkunden.de
www.matthes-seitz-berlin.de